U0169017

现代机械制造技术及其应用研究

李占君 王霞 著

吉林科学技术出版社

图书在版编目（CIP）数据

现代机械制造技术及其应用研究 / 李占君, 王霞著
. -- 长春：吉林科学技术出版社, 2022.8
ISBN 978-7-5578-9811-3

Ⅰ.①现… Ⅱ.①李… ②王… Ⅲ.①机械制造工艺
–研究 Ⅳ.①TH16

中国版本图书馆CIP数据核字(2022)第179516号

现代机械制造技术及其应用研究

著　　李占君　王　霞
出 版 人　宛　霞
责任编辑　蒋雪梅
封面设计　优盛文化
制　　版　优盛文化
幅面尺寸　170mm×240mm　1/16
字　　数　230千字
页　　数　193
印　　张　12.25
印　　数　1-1500册
版　　次　2022年8月第1版
印　　次　2023年3月第1次印刷

出　　版　吉林科学技术出版社
发　　行　吉林科学技术出版社
地　　址　长春市福祉大路5788号
邮　　编　130118
发行部电话/传真　0431-81629529　81629530　81629531
　　　　　　　　　81629532　81629533　81629534
储运部电话　0431-86059116
编辑部电话　0431-81629518
印　　刷　三河市嵩川印刷有限公司

书　　号　ISBN 978-7-5578-9811-3
定　　价　90.00元

前言
preface

　　机械工业是国民经济的支柱产业，现代机械制造技术是机械工业赖以生存和发展的重要保证。现代机械制造技术有别于传统机械制造技术，其含义相当广泛。一般认为，现代机械制造技术是传统机械制造技术与计算机技术、信息技术、自动控制技术等现代高新技术交叉融合的结果，是集机械、电子、信息、材料、能源、管理技术于一体的新型技术，它使机械制造技术的内涵和水平发生了质的变化。因此，那些凡是能够融合当代科技进步的新成果，能发挥人和设备的潜力，能体现现代机械制造水平并取得理想技术经济效果的制造技术均被称为现代机械制造技术。重视和大力发展现代机械制造技术对我国的国民经济发展具有重大的现实意义。

　　首先，本书从机械制造技术的基本理论出发，在深度把握机械制造技术概念的基础上，进一步阐述了机械制造技术的发展趋势、重要意义，机械加工方法及装备，典型零件加工制造技术，精密与特种机械加工方法等内容，为后边的阐述奠定了基础。其次，本书重点对机械制造系统自动化进行了全面深入的分析。再次，本书阐述了机械制造不可或缺的重要步骤——机械装配阶段所用到的关键技术及工艺要点。最后，本书补充列举了一些其他先进的机械制造技术及其应用案例。本书以理论研究为基础，力求对机械制造技术的发展及应用进行全方位、立体化的综合分析，以期为现代机械制造技术的发展贡献微薄之力。本书具有较强的应用价值，可供从事相关工作的人员作为参考用书使用。

　　由于笔者水平有限，书中难免有不足之处，恳请读者批评指正。

目录
contents

第一章　机械制造技术概述

第一节　机械制造技术的概念

一、制造

制造是人类主要的生产活动之一，它是指人类按照所需目的，运用主观掌握的知识和技能，通过手工或可以利用的客观的物质工具与设备，采用有效的方法，将原材料转化为有使用价值的物质产品并投放市场的全过程。这是广义制造的概念，它包括从市场分析、经营决策、工程设计、加工装配、质量控制、销售运输至售后服务的全过程。

但在某些情况下，制造及制造过程被理解为原材料或半成品经加工或装配后形成最终产品的具体操作过程，包括毛坯制作、零件加工、检验、装配、包装、运输等。这是狭义制造的概念，它主要考虑企业内部生产过程中的物质流，而较少涉及生产过程中的信息流。

二、制造业与机械制造业

制造业指的是为达成某个目的将某种可用于制造的资源通过制造过程转变成人们可应用产品的行业。制造业是一个国家生产力水平直观的表现，是国家经济发展的关键支撑，是国家的经济命脉，更是一个国家矗立于世界的核心因素。对一个国家来讲，制造业的发展水平和整体能力真实地展现了本国的科技水平、国防实力、经济实力以及人民的生活水平。如果一个国家的制造业不够强大，那么本国的经济就必然无法稳定、健康、快速地发展，又何谈提升本国人民的生活水平？

机械制造业指的是为了满足用户需求创造并提供各种各样机械产品的行业，它是一个十分完整的链条，不仅包含机械产品的创造、设计、制造、生产，还包含机械产品的销售、流通以及售后服务等环节。机械制造业的产品包含所有通过制造得出的具有机械功能的产品。机械制造业是制造业的核心，是制造业不可或缺的关键组成部分。机械制造业通过各种各样的机械设备供应和装备着国民经济的每个单位，是国民经济的装备部，推动着国民经济的快速发展。不仅如此，机械制造业还是国家生产各类消费品的主要行业，是一个国家科学技术创新和发展的核心平台。机械制造业是国民经济至关重要的组成部分，机械制造工业技术的发展速度和水平决定了国民经济的发展速度，其提供装备的质量、可靠性以及相关技术能在一定程度上体现国民经济各个部门的生产水平和经济效益。从宏观角度来看，机械制造业是国家崛起的基础产业，是保证国家安全和国计民生的战略性产业，是一个地区乃至一个国家真正实现工业化的核心要素，更是决定国家兴衰的核心因素，是展现一个国家科技创新能力和国际竞争力的重要标志。

三、制造技术与机械制造技术

（一）制造技术

制造技术指的是为满足人们的需求，结合相应的知识、技能和客观的物质工具，将原材料转变成对应产品的技术总称，它不但具有基础性和普遍性，而且具有专业性和特殊性。

（二）机械制造技术

机械制造技术是以表面成型理论、金属切削理论和加工工艺系统基本理论为基础，以各种加工方法、加工装备的特点及应用为主体，以机械加工工艺和机械装配工艺的制定为主线，以实现机械产品的优质、高效、低成本和绿色制造为目的的综合技术。机械制造技术最关键的环节是机械加工工艺。机械制造科学是一门以机械制造技术为核心研究各种机械制造过程和方法的科学。机械制造技术对机械制造业的发展有重要影响，机械制造技术水平的提高、进步和发展不仅可以提高机械制造业及其相关行业的生产效率、产品质量和生产竞争力，还可以推动传统产业实现产业升级。

机械制造是一个包括将原材料制成毛坯，将毛坯加工成机械零件，再将零件装配成机器的完整过程，其经历的过程如图 1-1 所示。在产品生产过程中，机械制造技术指的是将原材料转化为所需产品时使用的所有方法的总和。

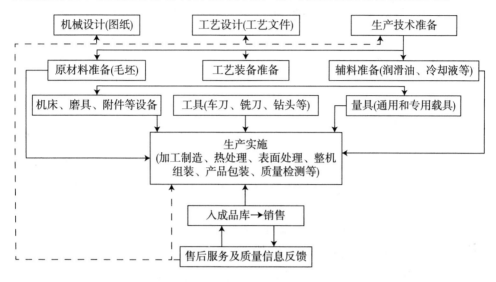

图1-1　机械制造经历的过程（批量生产）

在机械制造过程中，所有和产品生产有直接关系的生产过程统称为机械制造工艺过程。比如，在对原材料进行处理和改性过程中用到的工艺过程，包括涂装、电镀、热喷涂、热处理、转化膜等；在生产零件毛坯和成型零件过程中用到的工艺过程，包括锻压、焊接、铸造、冲压、烧结、压制以及注塑等；在加工零件过程中用到的工艺过程，包括磨削、切削、特种加工等；在机械装配过程中用到的工艺过程，包括零件的固定、检验、平衡、调整、连接、试验等。

机械制造离不开零件和毛坯。其中毛坯是将工业产品或零件、部件所要求的工业尺寸、形状等制成坯型以供切削的半成品。零件是机器、仪表以及各种设备的基本组成单元，不同类型的零件具有不同的形状及功能。

零件（毛坯）的成型方法是进行零件（毛坯）制造的工艺方法，包括材料成型法、材料去除法和材料累加法。

（1）材料成型法。材料成型法是指将原材料加热成液体、半液体，在特定模具中冷却成型、变形或将粉末状原材料在特定型腔中加热加压成型的方法。材料成型前后无质量变化。铸造、锻造、挤压、轧制、拉拔、粉末冶金等，常用于毛坯制造，也可直接用于成型零件。

（2）材料去除法。材料去除法指利用各种能量去除原材料上多余材料获得所需（形状、尺寸）零件的方法，如切削与磨削、电火花加工、电解加工及特种加工等。切削和磨削过程中，有力、热、变形、振动和磨损等现象发生，这些现象综合决定了零件最终的几何形状和表面质量。特种加工是指利用电能、光能或化学等方法完成材料去除的成型方法，这种方法适合加工常规加工难以完成的超硬度、易碎材料等。

（3）材料累加法。材料累加法是指将分离的原材料通过加热、加压或其他手段结合成零件的方法。该方法因材料的结合而使质量增加。传统的累加方法有焊接、粘接或铆接等，通过不可拆卸连接使物料结合成一个整体，形成零件。

20世纪80年代发展起来的快速原制造型技术，是材料累加法的新发展。快速原型制造技术彻底摆脱了传统的"去除"加工法，而基于"材料逐层堆积"的制造理念，将复杂的三维加工分解为简单的材料二维添加的组合，它能在CAD模型的直接驱动下，快速制造任意复杂形状的三维实体，是一种全新的制造技术。快速原型制造技术在不需要任何刀具、模具及工装卡具的情况下，可将任意复杂形状的设计方案快速转换为三维的实体模型或样件，这就是快速原制造型技术所具有的潜在的革命性意义。

四、机械制造系统

在传统的机械制造过程中，由机床夹具—刀具—工件组成的系统称为机械加工工艺系统。随着机械制造技术、计算机技术、信息技术等的发展，为了能更有效地对机械制造过程进行控制，大幅度地提高加工质量和加工效率，人们在机械加工工艺系统的基础上提出了机械制造系统的概念。由为完成机械制造过程所涉及的硬件（原材料、辅料、设备、工具、能源等）、软件（制造理论、工艺、技术、信息和管理等）和人员（技术人员、操作工人、管理人员等）组成的，通过制造过程将制造资源（原材料、能源等）转变为产品（包括半成品）的有机整体，称为机械制造系统。

第二节 现代机械制造技术的特点、产生与发展

一、现代机械制造技术的特点和产生

（一）现代机械制造技术的特点

现代机械制造技术具有先进性、实用性和前沿性。

（1）先进性。现代机械制造技术的先进性主要表现在以下五方面。

①优质：通过现代制造技术加工出的整机或零部件质量更高，性能更优越。现代制造技术制造的整机不仅结构更加合理，耐用性极强，还具有光彩夺目的色彩，更符合人们的审美需求；现代制造技术制造的零部件不仅尺寸更加精准，内部结构更加紧密，还具有优良的使用性能，且表面十分光滑，无任何杂质和缺陷。

②高效：从产品生产角度来看，现代制造技术不仅大大提高了产品的生产效率，还降低了工人的劳动强度，一举两得；从产品开发角度来看，现代制造技术能提高开发效率以及开发质量，大大缩短开发新产品消耗的时间，节约准备生产新产品的时间。

③低耗：在生产过程中运用现代制造技术能大大提高原材料和能源的使用效率，节约资源。

④洁净：在生产过程中运用现代制造技术可能会产生少量或不会产生有害废弃物，做到少排放或不排放，不会污染环境。

⑤灵活：当市场发生变化或产品需要更改设计时，现代制造技术能快速应对，对生产多种产品具有更强的适应性。

（2）实用性。现代制造技术是应用于工业生产的相关技术，它显著的特点之一就是讲究实效，即实用性，另外它还具有应用广泛、应用量大等特点。现代制造技术具有多种不同的层级和模式，适用于各种类型的工厂。现代制造技术并非一成不变，它是动态发展的，拥有十分丰富的内涵。

（3）前沿性。现代制造技术是以传统制造技术为基础，结合新型信息技术和其他技术形成的新产物，是融合先进制造技术研究的新领域，具有前沿性。虽然当前一些先进的设备和工艺应用范围较小，但这种先进的技术是制造技术

的发展方向，在将来一定会获得更为广泛的应用。[①]

（二）现代机械制造技术的产生背景与产生方式

1. 产生背景

现代机械制造技术产生的主要因素有以下两方面。

（1）机械产品更新迭代的速度过快。近些年，机械制造业迅猛发展，机械产品的迭代速度也随之水涨船高，而且机械产品逐渐向复杂、高效、精密、成套、大型以及高运行参数等方面转变，这就要求机械制造技术出现更高、更快、更新的变化。

（2）市场竞争更加激烈。近些年，市场竞争愈演愈烈，机械制造业的经营战略也在不断地发生变化，生产成本、产品质量、市场响应速度以及售后服务成为企业占领市场的新要素。因此，机械制造技术为适应这种变化，只能全力发展和应用现代技术。

2. 产生方式

现代机械制造技术是以传统机械制造技术为基础，不断融入先进的技术成果，实现系统集成或局部集成后形成的新技术。形成现代机械制造技术的方式主要有以下两种。

（1）常规制造过程优化。这种方式是形成现代机械制造技术过程中常见的、应用广泛的一种方式。这种方式也有两种类型，第一种是以不变动制造原理为前提，改进制造工艺的技术和条件，优化工艺参数；第二种是以不变动制造方法为核心，更新和优化相关设备、材料和工艺，以及检测控制系统技术等。

（2）与高新技术相结合。随着时代的发展，各种各样的先进技术不断出现，严重影响了现代制造技术的发展。高新技术和现代制造技术之间存在十分复杂的关系，既相互影响又相互促进。一方面，计算机、微电子、新材料、新能源等高新技术不断发展，与制造技术不断渗透和融合，使得现代制造技术获得先进的技术支持；另一方面，现代制造技术可以为高新技术的产业化提供各种各样先进的设备。比如，CAM/CAE/CAD集成技术、工艺模拟技术、数控加工技术等就是在传统制造技术中融入现代先进计算机技术后形成的；又如，高能来加工技术就是在传统制造技术中融入离子束、电子束以及激光等新能源后形成的。

---

① 任乃飞，任旭东. 机械制造技术基础 [M]. 镇江：江苏大学出版社，2018：249.

二、现代机械制造技术的发展

（一）概述

对机械制造技术来讲，成本、质量、效率是永远无法割舍的三个主题，现代机械制造技术也不例外，再加上最近几年人们十分重视的环保和售后服务，这些因素推动着现代机械制造技术朝着自动化、高速化、集成化、最优化、精密化、柔性化、智能化、清洁化的方向发展。

机械加工最基础的功能就是在一定成本和生产率的条件下通过机械设备加工零件和装配机器，以这一基础功能为核心形成多种新型科学，如机械制造系统工程学，主要研究内容是如何在机械制造过程中实现有效的管理、调度和计划；机械制造设备学，主要研究内容是加工设备的能量转换方式和机械学原理；材料加工物理学，主要研究内容是材料的分离原理和加工表面质量；表面成型几何学，主要研究内容是各种成型的方式以及相关的运动学原理等。

融合了控制论、信息论和系统论的系统科学方法论也不断在机械制造领域扩散自己的影响力，此方法论主要通过阐述整体和外部环境、整体和部分之间存在的相互制约、相互作用、相互联系的关系来影响机械制造相关技术，并形成了制造系统这一先进的、新颖的理念。

如今，制造系统理念已经深入人心，制造系统已经成为包含能量流、信息流、物质流且拥有整体目的性的系统。制造系统包含的范围其实并不只限于传统的工厂中开展的工作，也包含原材料采购、产品生产、产品销售、产品实现自身社会价值等一系列环节。

在制造过程中，能量和物质发挥着至关重要的作用，人们很早就认识到了两者的重要性，但直到20世纪50年代，人们才真正认识到信息的重要性。随着时代发展，机电一体化技术、传感技术、控制技术、微电子技术发展十分迅猛，计算机技术也得到迅速发展和广泛应用，人们不由自主地将这些先进的技术应用到机械行业中，使得机械制造领域中形成了更多的新模式和新理念，同时，人们开始研究、开发、利用机械制造过程中产生的所有信息。

长久以来，机械制造主要依靠的是技术人员和工作人员自身掌握的技艺和经验，所谓的制造技术其实就是总结生产过程中形成的职责经验。但随着时代发展，人们对机械零件的精度和生产效率有了更高的要求，如果依旧依靠技术人员经验来生产，不仅满足不了要求，还可能被时代舍弃。因此，机械制造开始注重机械设备以及控制系统的作用。先进的机械设备能满足精度要求、提升加工能力，从而提高生产效率；控制系统能在生产过程中不断监测和补偿产品，确保产品的质量符合要求。可以预料，机械制造必将更加重视和依赖各种各样的科学和知识。如今的机械制造已经融入了数学、化学、物理、控制论、信息论、系统论、计算机技术以及电子技术等多门学科的基础理论和先进成果，形成了新型的制造模式。

如今，机械制造技术的发展主要有下列三条主线：

（1）完善、发展和开拓机械制造工艺方法。人们不仅完善和发展了传统的磨削和切削技术，还创新和发展了各种新型的特种加工技术。

（2）机械加工技术更加注重产品的精度，逐渐朝着更高精度的方向发展，如"纳米技术""精密工程"。

（3）机械加工技术更加注重产品的生产成本和生产效率等因素，逐渐朝着自动化、柔性化、集成化、智能化方向发展，如数控技术、柔性制造系统、计算机集成制造系统、智能制造系统。

为配合上述三条主线的发展，其他相应的技术也获得飞速发展，如机械产品的可靠性保证与质量控制技术、机械设备的性能试验技术、工况监测与故障诊断技术、机械产品的装配技术、机械制造中的计量与测试技术、机械制造中应用人工智能的相关技术等。

（二）目前进展和发展趋势

（1）采用自动化技术，实现制造自动化。微电子、计算机、自动化技术与制造技术相结合，形成了实现制造自动化的三个范畴：制造过程自动化、制造技术自动化和制造系统自动化。

①应用集成电路、可编程序控制器、计算机等新型控制元件和装置，实现工艺设备的单机、生产线或系统的自动化控制。应用新型传感、无损检测、理化检验、计算机和微电子技术，实时测量并监控工艺过程的温度、压力、位移、应力、应变、振动、声、像、电、磁及合金与气体的成分、组织结构等参数，实现在线测量和测试的电子化、数字化、计算机化，以及工艺参数的闭环控制，进而实现自适应控制。

②应用计算机技术、网络技术等，建立计算机辅助设计（CAD）、计算机辅助工艺过程设计（CAPP）、计算机辅助工程分析、计算机辅助制造（CAM）、产品数据管理、管理信息系统、企业资源计划系统等制造技术自动化系统，使制造过程信息的生成与处理高效快捷。

③将数控、机器人、自动化搬运仓储等自动化单元技术综合用于加工及物流过程，形成从单机到系统、从刚性到柔性、从简单到复杂的不同档次的柔性

自动化系统，如数控机床、加工中心、柔性制造单元、柔性制造系统和柔性生产线，及至形成计算机集成制造系统和智能制造系统。

（2）利用计算机技术，实现适应于多品种、小批量的柔性制造。制造并不是单方面的生产，它受到需求的控制和驱动。近些年，人们生活水平不断提高，物质生活更加丰富，产品市场发生巨变，竞争出现白热化。同时，人们对产品的需求呈现多样化，这意味着传统大批量生产的方式不适合当前社会，促使机械制造业逐渐向中小批量、产品多样化的方向发展，在控制成本的前提下，提高生产效率和产品质量，提倡自动化生产，形成柔性制造这一新型理念和技术。

柔性制造系统是"自动"和"柔性"的完美结合，它具有独特的性质和效果。首先，它属于中小批量的、产品多样化的生产方式，在一定程度上更符合市场需求；其次，它大大降低了生产成本，提高了机床使用效率，缩短辅助时间；再次，它缩短了产品的生产周期，减少了库存和挤压，大大增强了对市场的响应能力；最后，它大大提高了生产过程的自动化水平，降低了工人的劳动强度，改善了生产环境，还保证了产品质量。

（3）加工与设计之间的界限逐渐淡化，并趋向集成及一体化。随着快速原型制造技术、并行工程、计算机集成制造系统、柔性制造系统、计算机辅助设计（CAD）、计算机辅助制造（CAM）等先进制造技术的出现和发展，设计和加工之间的界限逐渐淡化，使机械制造走向一体化。各种新型的特种加工技术的出现，更淡化了冷热加工之间，以及加工过程、检测过程、物流过程、装配过程之间的界限，甚至完全消除了这种限制，使得所有过程集成到统一的制造系统中。

（4）机械加工向超精密、超高速方向发展。机械加工工艺逐渐向超精密化、超高速化方向发展。如今，机械加工工艺已经步入纳米级别，有数据显示，目前加工的精度已经精确到 0.025 μm，表面粗糙度更是精确到 0.0045 μm。精密切削技术也从红外波段逐渐向可见光波段或不可见的 X 射线和紫外线波段靠近，而且超精密加工机床已经可以加工金属之外的非金属，更是逐渐朝着多功能模块化的方向发展。机械加工工艺中超高速切削铝合金的切削速度已超过 1 600 m/min，切削铸铁的速度已达到 1 500 m/min，这种超高速切削也成为一种解决材料难以加工问题的有效途径。

（5）工艺技术与信息技术、管理技术紧密结合，先进制造生产模式获得不断发展。先进制造技术系统是由人、技术、组织三者组成的集成体系，当三者有效集成时才能获得最佳效果。因此，为了提升先进制造工艺的效果，必须要在制造工艺技术和信息技术、管理技术紧密结合的基础上不断寻求适应市场需求的新型生产模式。另外，这种适应市场需求的先进制造生产模式，如分散网络化制造、并行工程、敏捷制造、精益生产、及时生产、柔性生产等，也会影响并推动制造工艺的完善和发展。

（6）计算机的广泛应用，使机械制造向最优化和智能化方向发展。人工智能在机械制造过程中能够获得更深层、更广泛的应用，它不仅能让工作者的脑力劳动获得一定的延伸和加强，甚至还能代替工作者的部分脑力劳动，形成"智能制造"。人类专家拥有大量的专业知识、经验、思维方式，采用和发展人工智能，尤其是其中的分支专家系统，可以使这一部分脑力劳动实现计算机化和自动化。专家系统类型多样，在机械制造领域使用的专家系统主要有测试、控制与诊断专家系统，设计专家系统以及工艺规程编制专家系统等，专家系统能保证制造过程始终按照最佳的方式进行。另外，智能机器人、CAD/CAM 智能一体化等也是当前机械制造领域中正在研究和应用的人工智能项目。因此，人工智能在机械制造中的应用拥有广阔的发展前景。

第二章　机械加工方法及装备

第一节　金属切削基本原理

一、金属切削的变形过程

（一）金属切削变形过程的基本模型

切削时金属材料受前刀面挤压，产生剪应变，材料内部大约与主应力方向成45°角的斜平面内剪应力随载荷增大而逐渐增大；当载荷增大到一定程度时，剪切变形进入塑性流动阶段，金属材料内部沿着剪切面发生相对滑移，随着刀具不断向前移动，剪切滑移将持续下去，于是被切金属层就转变为切屑，金属切削变形过程如图2-1所示。如果是脆性材料（如铸铁），那么沿此剪切面产生剪切断裂。因而可以说，金属切削是切削层金属在刀具前刀面推挤下发生以剪切滑移为主塑性变形，从而形成切屑的过程。[①]

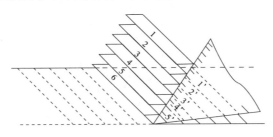

图2-1　金属切削变形过程

---

① 张迪. 金属切削过程中影响切削变形的主要因素及影响规律 [J]. 现代制造技术与装备，2016（12）：100-101.

（二）金属切削过程中的三个变形区

选定被切金属层中的一个晶粒 P 来观察其变形过程。当刀具以切削速度 v 向前推进时，可以看作刀具不动，晶粒 P 以速度 v 反方向逼近刀具。当 P 到达 OA 线（等剪应力线）时，剪切滑移开始，故称 OA 为始剪切线（始滑移线）。P 继续向前移动的同时，也沿 OA 线滑移，其合成运动使 P 到达位置 2，即处于 OB 滑移线（等剪应力线）上，2'—2 就是其滑移量，此处晶粒 P 开始纤维化。同理，当 P 继续到达位置 3（OC 滑移线）时呈现更严重的纤维化，直到 P 到达位置 4（OM 滑移线，称 OM 为终剪切线或终滑移线）时，其流动方向已基本平行于前刀面，并沿前刀面流出，因而纤维化达到最严重程度后不再增加，此时被切金属层完全转变为切屑，同时由于逐步冷硬的效果，切屑的硬度比被切金属的硬度高，而且变脆，易折断。OA 与 OM 所形成的塑性变形区称为发生在切屑上的第 I 变形区（图 2-2），其主要特征是沿滑移线（等剪应力线）的剪切变形和随之产生的"加工硬化"现象。为了观察金属切削层各点的变形情况，可在工件侧面作出细小的方格，查看切削过程中这些方格如何被扭曲，借以判断和认识切削层的塑性变形。切削层变为切屑的实际情形（图 2-3）。在一般切削速度下，OA 与 OM 非常接近（0.02 ～ 0.2 mm），故通常用一个平面来表示这个变形区，该平面称为剪切面。剪切面与切削速度方向的夹角称为剪切角。

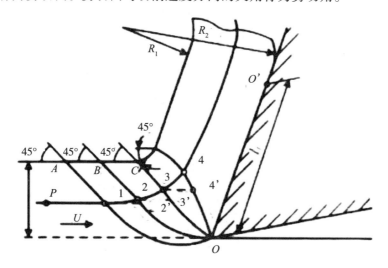

图 2-2　第 I 变形区内金属的滑移

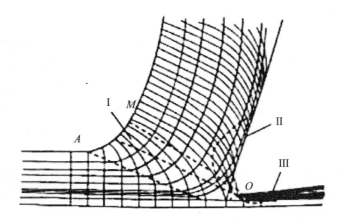

图 2-3 金属切削过程中的滑移线和 3 个变形区

当切屑沿着前刀面流动时，切屑与前刀面接触处有相当大的摩擦力来阻止切屑的流动，因此，切屑底部的晶粒又进一步被纤维化，其纤维化的方向与前刀面平行。这一沿着前刀面的变形区被称为第Ⅱ变形区。

由于刀尖不断挤压已加工表面，当刀具前移时，工件表面产生反弹，因此后刀面与已加工表面之间存在挤压和摩擦，使已加工表面处也形成晶粒的纤维化和冷硬效果。此变形区被称为第Ⅲ变形区。

二、切削的种类

由于工件材料以及切削条件不同，切削变形的程度也就不同，因而所产生的切屑形态也多种多样。切屑形态一般分为四种基本类型，如图 2-4 所示。

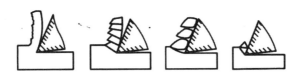

（a）带状切屑（b）节状切屑（c）单元切屑（d）崩碎切屑

图 2-4 切削形态

（1）带状切屑。形状像一条连绵不断的带子，底部光滑。背部呈毛茸状。一般加工塑性材料，当切削厚度较小、切削速度较快、刀具前角较大时，得到的切屑往往是带状切屑。出现带状切屑时，切削过程平稳，切削力波动较小，已加工表面粗糙度较小。

续表

（2）节状切屑。切屑上各滑移面大部分被剪断，尚有小部分连在一起，犹如节骨状，外面呈锯齿形，内面有裂纹。切削塑性材料，在切削速度较慢、切削厚度较大时产生节状切屑，又称挤裂切屑。出现节状切屑时，切削过程不平稳，切削力有波动，已加工表面粗糙度较大。

（3）单元切屑（粒状切屑）。切屑沿剪切面完全断开，因而切屑呈单元状。切削塑性较差的材料，在切削速度极慢时产生这种切屑。

（4）崩碎切屑。切削脆性材料时，被切金属层在前刀面的推挤下未经塑性变形就在张应力状态下脆断，形成不规则的碎块状切屑。形成崩碎切屑时，切削力变化波动大，加工表面凹凸不平。

切屑的形态是随切削条件的改变而变化的。在形成节状切屑的情况下，若减小前角或加大切削厚度，就可以得到单元切屑；反之，若加大前角，提高切削速度，减小切削厚度，则可得到带状切屑。

三、积屑瘤

（一）积屑瘤现象及其产生条件

在法向力和切向力的作用下，刀屑接触区发生了强烈的塑性变形，破坏了表面的氧化膜和吸附膜，发生了金属对金属的直接接触。同时由于接触峰点的温度升高，从而使正在接触的峰点发生了焊接，称为冷焊。当刀屑间的接触满足形成冷焊的条件时，切屑底面上的金属层就会冷焊黏结并沉积在前刀面上，形成一个非常坚硬的金属堆积物，称为积屑瘤，如图 2-5 所示。其硬度是工件材料硬度的 2 ～ 3.5 倍，能够代替刀刃进行切削，并且不断生长和脱落。

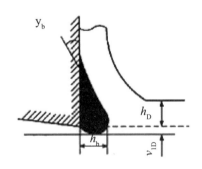

图 2-5　积屑瘤

（二）积屑瘤与切削速度的关系

切削速度不同，积屑瘤生长所能达到的高度也不同。根据积屑瘤的有无及生长高度，可以把切削速度分为4个区域（图2-6）。

Ⅰ区：切削速度很低，形成粒状或节状切屑，没有积屑瘤生成。

Ⅱ区：形成带状切屑，冷焊条件逐渐形成，随着切削速度的提高，积屑瘤高度也增大。在这个区域内，积屑瘤的生长基础比较稳定，即使脱落也多半是顶部被挤断，这种情况能代替刀具进行切削，并保护刀具。

Ⅲ区：切屑底部由于切削温度升高而开始软化，剪切屈服极限 τ_s 下降，切屑的滞留倾向减弱，因而积屑瘤的生长基础不稳定，积屑瘤高度随切削速度的提高而减小，当达到Ⅲ区右边界时，积屑瘤消失，在此区域内经常脱落的积屑瘤硬块不断滑擦刀面而使刀具磨损加快。

Ⅳ区：由于切削温度较高而冷焊消失，此时积屑瘤不再产生。

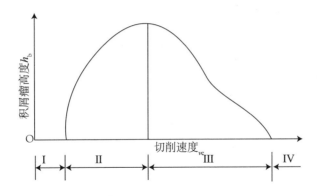

图2-6 切削速度与积屑瘤形成的关系

（三）积屑瘤对切削过程的影响

（1）保护刀具。积屑瘤包围着刀刃和刀面，若积屑瘤生长稳定则可代替刀刃和前刀面进行切削，从而保护了刀刃和前刀面，延长了刀具使用寿命。

（2）增大前角。积屑瘤具有30°左右的前角，因而减小了切屑变形，降低了切削力，从而使切削过程容易进行。

（3）增大切削厚度。积屑瘤的前端伸出切削刃之外，伸出量为 Δh_D。有积屑瘤时的切削厚度比没有积屑瘤时增大了 Δh_D，从而影响了工件的加工精度。

（4）增大已加工表面粗糙度。积屑瘤的外形极不规则，因此增大了已加工表面粗糙度。

（5）影响刀具磨损。若积屑瘤频繁脱落，则积屑瘤碎片反复挤压前刀面和后刀面，加速了刀具磨损。

显然，积屑瘤有利有弊。粗加工时，对精度和表面质量要求不高，若积屑瘤能稳定生长，则可以代替刀具进行切削，既保护了刀具，又减小了切削变形。精加工时，绝对不希望积屑瘤出现。

控制积屑瘤的形成，实质上就是控制刀屑界面处的摩擦系数。改变切削速度是控制积屑瘤生长的最有效的措施，而加注切削液和增大前角都可以抑制积屑瘤的形成。

第二节　金属切削装备

一、金属切削机床

（一）金属切削机床的分类及型号

1.机床的分类及代号

我国机床按加工性质以及所用刀具分为 12 大类（见表 2-1），每一类机床又可以根据加工需求再细分，如磨床就可细分为 M、2M、3M 三类。一般情况下，机床的名称是以机床类型汉语拼音的大写首字母来表示的，读音同样使用汉字读音。

表 2-1　机床分类及代号

机床类型	车床	钻床	镗床	磨床			齿轮加工机床	螺纹加工机床	刨插床	拉床	铣床	特种加工机床	锯床	其他机床
代号	C	Z	T	M	2M	3M	Y	S	B	L	X	D	G	Q
参考读音	车	钻	镗	磨	二磨	三磨	牙	丝	刨	拉	铣	电	割	其

2.机床型号

机床型号其实就是机床产品的代号，以 CM6132 型精密卧式车床为例，其中的 C 是机床的类别代号，代表此机床为车床；M 是机床的通用特性代号，代表此机床为精密机床；6 是机床的组别代号，代表此机床为落地及卧式车床组；1 是机床的系别代号，代表此机床为卧式车床系；最后的 32 是机床的主参数代号，代表此机床最大回转直径为 320 mm（折算系数为 1/10）。

（1）机床特性代号。此代号指的是机床具备的特殊性能，通常注写在机床类别代号后方，同样用特性的汉语拼音的大写首字母表示。机床特性代号可分为两种，一种是通用特性代号（见表 2-2）。通用特性代号意味着此代号在所有机床类型中有同样的含义，当机床的性能、结构不同但主参数相同时，可在机床型号中添加结构特性代号，用以区分两个机床。另一种是结构特性代号。结构特性代号只是为了区别主参数相同但结构不同的机床设置的，并没有统一的含义，只需要用汉语拼音字母（通用特性代号已用的字母和"I""O"两个字母不能用）表示。这里需要注意，当机床型号中同时包含上述两种代号时，通用特性代号注写在结构特性代号之间；当机床型号中只有一种代号时，直接注写在机床类别代号之后。以 CA6140 车床为例，其中的 C 是机床的类别代号，代表此机床为车床，在表 2-2 中并没有 A 这一代号，代表此车床没有通用特性代号，仅有结构特性代号 A，表示此车床为普通型。

表 2-2　机床通用特性代号

通用特性	高精度	精密	自动	半自动	数控	加工中心（自动换刀）	仿形	轻型	加重型	简式
代号	G	M	Z	B	K	H	F	Q	C	J
读音	高	密	自	半	控	换	仿	轻	加	简

（2）机床组别代号和系别代号。根据机床的结构、性能、用途可以将一类机床分成若干组，每一组又可以分成若干系别，同一组中同一系别的机床不仅结构、布局形式、主参数基本相同，刀具、工件的运动特点也基本相同。在机床型号中，机床组别代号和系别代号往往注写在特性代号后，均用阿拉伯数字表示。当机床只有组别代号（或系别代号）时，直接将组别代号（或系别代号）注写在特性代号之后即可；当机床同时具有组别代号和系别代号时，组别代号的阿拉伯数字注写在特性代号之后，系别代号的阿拉伯数字注写在组别代号之后。常见车床的组别以及对应的组别代号如表 2-3 所示，落地及卧式车床组的系别及对应的系别代号如表 2-4 所示。

17

表2-3　常见车床的组别及组别代号

组别代号	0	1	2	3	4	5	6	7	8	9
组别	仪表机床	单轴自动车床	多轴半自动车床	回轮、转塔车床	曲轴及凸轮轴车床	立式车床	落地及卧式车床	仿形及多刀车床	轮、轴、辊、锭及铲齿车床	其他车床

表2-4　落地及卧式车床组的系别及其代号

组别代号	6					
系别代号	0	1	2	3	4	5
系别	落地车床	卧式车床	马鞍车床	无丝杠车床	卡盘车床	球面车床

（3）机床主参数。机床主参数代表的是机床的主要规格，反映的是机床的加工能力，如最大回转直径、工作台面宽度等。一般情况下，机床主参数是有明确规定的。主参数代号通常用机床主参数的折算值来表示，注写在组别代号或系别代号后，用阿拉伯数字表示。部分机床型号还会标注第二主参数，也使用折算值来表示。在机床型号中，组别代号或系别代号后的阿拉伯数字"×"（读作"乘"）折算系数即为主参数的值。常见机床的主参数及折算值如表2-5所示。

表2-5　常见机床的主参数及其折算值

机床名称	主参数名称	主参数折算值	第二主参数
单轴自动车床	最大棒料直径	1	—
转塔车床	最大车削直径	1/10	—
立式车床	最大车削直径	1/100	最大工件高度
卧式车床	床身上最大工件回转直径	1/10	最大车削长度
摇臂钻床	最大钻孔直径	1	最大跨距

机床名称	主参数名称	主参数折算值	第二主参数
立式钻床	最大钻孔直径	1	轴数
卧式铣镗床	镗轴直径	1/10	—
坐标镗床	工作台面宽度	1/10	工作台面长度
外圆磨床	最大磨创直径	1/10	最大磨削长度
内圆磨床	孔径	1/10	—
平面磨床	工作台面宽度	1/10	—
端面磨床	最大砂轮直径	1/10	—
齿轮加工机床	（大多数）最大工件直径	1/10	（大多数是）最大模数
龙门铣床	工作台面宽度	1/100	工作台面长度
卧式升降台铣床	工作台面宽度	1/10	工作台面长度
龙门刨床	最大刨削宽度	1/100	最大刨削长度
牛头刨床	最大刨削长度	1/10	—
插床	最大插削长度	1/10	—
拉床	额定拉力	1	—

下面为大家介绍两个通用机床的型号编制。

① CA6140（CA6140 型卧式车床）；

C：类别代号（车床）；

A：结构特性代号（结构不同）；

6：组别代号（落地及卧式车床组）；

1：系别代号（卧式车床系）；

40：主参数（最大车削直径 400 mm）。

② MG1432 A（MG1432A 型高精度万能外圆磨床）。

M：类别代号（磨床）；

C：通用特性（高精度）；

1：组别代号（外圆磨床组）；

4：系别代号（万能外圆磨床系）；

32：主参数（最大磨削直径 320 mm）；

A：重大改进顺序号（第一次重大改进）。

（二）金属切削机床的传动系统

1.机床的基本组成

（1）执行件。所谓执行件就是在机床工作时夹持刀具和工件进行运动的部件，如工作台、刀架、主轴等。这些部件通过执行正确的运动轨迹来保证刀具和工件能准确地执行设定的程序，完成加工。

（2）动力源。动力源指的是为机床运动提供动力的部件。常见的动力源包括步进电动机、直流电动机、交流异步电动机等。动力源的数量并没有限制，机床每个部位的运动都可以配备一个动力源，多个部位的运动也可使用一个动力源[①]

（3）传动装置。传动装置指的是传递动力和运动的装置。传动装置可以将动力源的动力和运动传递给执行件，使执行件获得运动的动力并开始执行运动；传递装置还可以将一个执行件的运动关系传递到另一个执行件上，使其同样运动起来，并保持相关执行件之间存在的运动关系。机床的传动装置形式多样，有气压、电气、液压、机械等。其中，最常用的就是机械传动装置，它是由丝杆螺母传动、蜗轮蜗杆传动、链传动、齿轮传动、带传动等机械传动组件组成的，它根据传动比和传动方向是否发生变化可分为两大类：第一类是定比传动机构，此类机构的传动比和传动方向不会发生变化，常见的有丝杠螺纹副、蜗杆蜗轮副、定比齿轮副等；第二类是换置机构，这类机构的传动比和传递方向会随着加工要求的变化而变化，常见的有离合器换向机构、挂轮变速机构、滑移齿轮变速机构等。

2.机床的传动系统

机床的传动系统是将整个机床运动连接在一起的系统，是由实现运动以及辅助运动的所有传动链组成的。传动链指的是连接动力源和执行件或连接相关执行件的一连串传动元件。通常情况下，会使用传动系统图来表示传动系统的具体内容。传动系统图是展示机床所有运动之间存在的传动关系的示意图，但是，此图只代表各个部件之间的传动关系，并不代表各个部件的真实位置和实

---

① 余承辉.机械制造基础[M].上海：上海科学技术出版社，2009：182.

际尺寸。传动系统图中需要根据国家相关标准画出各种各样的传动元件，并将蜗轮和齿轮的齿数、转速、带轮直径、丝杠导程、蜗杆头数以及电动机功率标注在图上，然后根据各个传动元件的运动传递顺序在反映机床外形以及各个主要部件相互位置的展开图上绘制出来。

二、金属切削刀具

（一）金属切削刀具概述

1.切削运动

所谓切削运动指的是工件在切削加工过程中刀具和工件发生的相对运动。根据切削运动的功用可将其分成主运动、进给运动两类，车削运动、切削层及工件上形成的表面如图 2-7 所示。已加工表面指的是工件中已经经过切削运动后形成的表面，过渡表面指的是工件中正在经历切削运动形成的表面，待加工表面指的是工件中即将进行切削运动的表面。

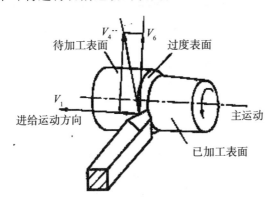

图 2-7　车削运动、切削层及工件上形成的表面

主运动指的是由机床提供的在切削运动中发挥主动作用，提供主要切削力的运动。机床的主运动是机床进行切削加工最基本的运动，它最显著的特点就是消耗功率最大且速度最快。

进给运动指的是为保证切削运动持续开展在刀具与工件之间形成的附加运动。图 2-7 中，机床进给运动方向产生的速度 v_f 其实是机床在切削工件外圆时施加的纵向进给速度，此进给速度是连续的，但机床给予的横向进给运动不是连续的，而是间断的。

接下来，我们来看各种刀具在切削过程中的主运动和进给运动，如图2-8所示。

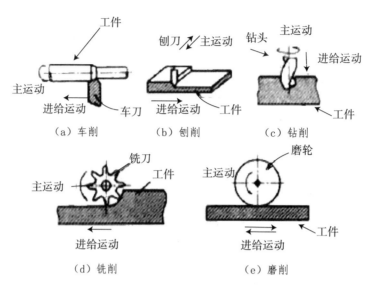

图 2-8　各种刀具在切削过程中的主运动和进给运动

（3）合成切削运动。该速度方向与过渡表面相切，合成切削速度v_e等于主运动速度v_c和进给运动速度v_f的矢量和，即$v_e = v_c + v_f$。

2.切削用量

切削用量是指切削速度v_c、进给量f（或进给速度v_f）、背吃刀量a_p三者的总称，它是调整刀具与工件间相对运动速度和相对位置所需的工艺参数。

（1）切削速度v_c。切削刃上选定点相对于工件的主运动的瞬时速度，即$v_c = \dfrac{\pi d_w n}{1000}$。其中，$v_c$（m/s）为切削速度，$d_w$（mm）为工件待加工表面直径，$n$（r/s）为工件转速。

（2）进给量f。工件或刀具每转一周，刀具与工件在进给运动方向上的相对位移量。

进给速度v_f是指切削刃上选定点相对工件进给运动的瞬时速度，即$v_f = fn$。其中，v_f（mm/s）为进给速度，n（r/s）为主轴转速，f（mm/r）为进给量。

（3）背吃刀量a_p。通过切削刃基点并垂直于工作平面的方向上测量的吃刀量，根据此定义，如在纵向车外圆时，其背吃刀量可按$a_p = \dfrac{d_w - d_m}{2}$计算。其中，$d_w$（mm）为工件待加工表面直径，$d_m$（mm）为工件已加工表面直径。

3. 刀具的分类

金属切削刀具的类别五花八门，根据切削机床类型可分为磨具、镗刀、铰刀、铣刀、钻头、车刀、齿轮刀具以及拉刀螺纹刀具等，根据切削刀具的材质可分为陶瓷刀具、涂层刀具、金刚石刀具、硬质合金刀具、高速钢刀具等，根据切削刀具的使用场所可分为强力刀具、机用刀具、手工刀具以及高速切削刀具等，根据切削刀具中夹持部位和切削部位的连接方式可分为机夹式刀具、焊接式刀具、整体式刀具等。如今，许多刀具已经实现标准化生产，由专业的刀具制造厂根据部标或国标统一生产。

（二）常用刀具及选用

1. 车刀

在金属切削加工过程中，最常用的切削刀具就是车刀，它不仅能用于加工螺纹、端面、内孔、外圆，以及各种外回转体和内回转体成型表面，还能用于切槽和切断等。其中，外圆车刀主要用于加工外圆锥面和外圆柱面，当其主偏角为90°时，不仅能用于车削端面、凸肩、阶梯轴，还能车削刚度较低的细长轴。外圆车刀包含两种——弯头外圆车刀和直头外圆车刀；宽刃光刀主要用于低速度的精加工；精车刀由于刀尖的圆弧具有较大的半径，车削后残留面积较小，可降低工件表面粗糙度。

车刀同样具有多种类型，根据其结构可分为整体式车刀、焊接式车刀、机夹式车刀和成型车刀。机夹式车刀又包含可转位车刀和机夹车刀等多种类型。

（1）整体式车刀。此类车刀多为用高速钢制成的整体车刀，车刀截面为矩形或正方形，根据加工要求和用途可对其进行适当的修磨。

（2）焊接式车刀。此类车刀是将硬质合金制成的刀片钎焊或镶焊在普通碳钢制成的刀杆上，再通过刃磨后使用的车刀。如今，这类车刀的应用比例仍然很高，因为焊接式车刀不但结构十分简单，制造过程也不复杂，而且能更充分地利用硬质合金的特性，在使用时可根据加工要求进行刃磨，深受人们喜爱。但是，此类车刀也有一个重要缺陷，因为刀杆和刀刃属于两种材质，线膨胀系数有一定差别，在焊接过程中，工艺不合理会使焊接产生的热应力损害刀刃，产生裂纹。

（3）机夹式车刀。这类车刀用机械夹固的方法将刀片固定在刀杆上，若刀片出现破损或断折，可将其拆卸下来重新磨刀或换新的刀刃，再安装后使用。当刀刃由硬质合金制成时，此类车刀也可称为重磨式车刀。此类车刀的优点是无须高温焊接，能避免出现裂纹，而且刀杆可以单独进行热处理，从而增加刀杆支撑刀片的强度，增加使用时长。刀杆可以反复使用。

机夹式车刀还包含可转位车刀，其固定刀片的方式仍然是机械夹固，区别就是刀片的形状，此类车刀的刀片形状是每一边都能充当切削刃的多边形，当刀片不锋利时，无须磨刀，转动刀片位置即可重新切削。

（4）成型车刀。这类车刀属于专业车刀，专门加工回转体成型表面。在工件加工过程中使用这类车刀，操作十分简单，只要一次切削就能加工出要求的成型表面，生产效率极高。这类车刀加工后的工件尺寸精度和表面形状基本一致，互换性极高，表面粗糙度 Ra 为 3.2 ～ 6.3，加工精度为 IT9 ～ IT10，而且这种工件成型表面的精度和技术人员的水平关系不大，与车刀的设计精度和制造精度有很大关系。另外，成型车刀可多次重磨后使用，故能使用更长时间。但是，这类刀具因为较为复杂，设计和制造过程十分烦琐，生产成本很高，而且，随着近些年数控机床的广泛应用，数控车削完成了大量成型表面的切削工作，成型车刀的使用频率就更小了。

2.铣刀

（1）按用途分类

①圆柱铣刀。这类铣刀的材质多为高速钢，部分也使用硬质合金制作螺旋形刀片，再将该刀片镶焊到刀柄上，此类型铣刀多用于卧式铣床加工平面。圆柱铣刀没有副切削刃，只在圆柱表面刻有切削刃，为主切削刃。圆柱铣刀的刀齿多为螺旋形，有利于切削的稳定。根据齿数可将圆柱铣刀分为两种：一种是齿数少，多用于粗加工的粗齿铣刀；一种是齿数多，多用于精加工的细齿铣刀。铣刀的直径有多种规格，如 50、63、80、100 等。一般情况下，需要先根据工件要求判断铣削用量以及铣刀的心轴直径，再确定采用何种直径的铣刀。

②端铣刀。此类铣刀与圆柱铣刀有一定区别，端铣刀在圆柱表面和端面上均有切削刃，即它有主切削刃和副切削刃，而且它比圆柱铣刀的铣削速度更快、生产率更高，且加工后工件的表面质量更好。因此，端铣刀更适合高速的铣削平面。如今，应用最广泛的端铣刀是可转位铣刀，它将硬质合金制作的可转位刀片通过机械夹固的方式固定在刀体上，刀片为带有多个切削刃的多边形刀片，当刀片磨钝或破损时只须拆卸后转换刀片即可。如何选择恰当的铣刀呢？可按照侧吃刀量选择恰当的铣刀直径，铣刀直径为侧吃刀量的 1.2~1.6 倍，即 $D = (1.2 \sim 1.6)\, a_e$。同时注意端面铣刀工作过程的切入角和切离角，避免损伤

面铣刀。根据齿数多少可将同一直径的可转位面铣刀分为三种：第一种是齿数少的用于长切屑工件粗铣的粗齿面铣刀，它也适用于因同时切削刀齿过多易出现振动现象的情况；第二种是齿数较多的用于精铣钢件或铣短切屑工件的中齿面铣刀；第三种是齿数多且每齿进给量相对偏小的用于加工薄壁铸件的细齿面铣刀。

③盘形铣刀。此类铣刀可分为三种：第一种是用于加工浅槽的槽铣刀；第二种是用于加工台阶面的两面刃铣刀；第三种是用于加工台阶面和切槽的三面刃铣刀，其中三面刃铣刀又包含普通三面刃铣刀和错齿三面刃铣刀。

④锯片铣刀。此类铣刀和切断车刀极为相似，要求刀具的几何参数必须足够合理，主要用于切断材料或切削窄槽。

⑤立铣刀。此类铣刀多用于加工凹槽、台阶面、平面以及相互垂直的平面。此类铣刀多用直柄或锥柄紧紧固定在机床主轴之中。立铣刀同时具有主切削刃和副切削刃，圆柱表面上的是主切削刃，端刃上的是副切削刃。用立铣刀铣槽时槽宽有扩张，故应取直径比槽宽略小的铣刀（0.1 mm 以内）。端面切削刃不通过中心，工作时不宜做轴向进给。国家标准规定，直径 d 在 2～71 mm 的立铣刀做成直柄或削平型直柄，直径 d 在 6～63 mm 的做成莫氏锥柄，直径 d 在 25～80 mm 的做成 7：24 锥柄，直径 d 在 40～160 mm 的做成套式立锥柄，此外还有装有可转位硬质合金刀的立铣刀。其选用应根据加工需要和机床主轴可安装刀柄的类型来进行。

⑥键槽铣刀。此类铣刀一般具有 2 个或 3 个刃瓣，端刃和钻头相似，和立铣刀也很相似，刃口为完整刃口，工作时，不仅可以通过轴向进给对工件进行钻孔操作，也可以沿着键槽方向进给铣出整个键槽的长度。当需要重磨时只需重磨端刃即可。

⑦角度铣刀。此类铣刀多用于铣削斜面和沟槽，分为单角铣刀、双角铣刀两种。

⑧成型铣刀。此类铣刀和成型车刀相似，都属于加工成型表面的专有工具，具有较高的加工精度和形状一致性。刀齿的形状是由工件的轮廓形状决定的。

（2）按齿背加工形式分类。成型铣刀按齿背的形状可分为尖齿成型铣刀和铲齿成型铣刀两种。尖齿成型铣刀刀齿数多，具有后角合理、切削轻快平稳、加工表面质量好、铣刀寿命长等优点。

铲齿成型铣刀的刃形与后刀面是在铲齿车床上用铲刀铲齿获得的，铲齿后所得的齿背曲线为阿基米德螺旋线，它具有下列特性。

①刀齿沿铣刀前刀面重磨，刀齿形状保持不变。

②重磨后铣刀的直径变化不大，后角变化较小。

铲齿成型铣刀的制造、刃磨比尖角铣刀方便，但热处理后铲磨时修理成型砂轮较费时，若不进行铲磨，则刃形误差较大。另外，它的前、后角不够合理，所以加工表面质量不高。

（三）数控机床刀具

普通机床基本都是"一机一刀"，对于多种刀具配合工作的工件需要花费大量时间，而随着时代的发展，数控机床的出现和发展完全打破了这种传统模式，现代数控机床已经实现了多种不同类型刀具同时在一个主轴或刀盘上交替使用，即实现了自动换刀。

1. 数控刀具的特点

数控刀具其实是囊括了识别刀具、监控刀具、管理刀具等多种现代刀具技术形成的广义数控工具系统，其特点主要有下列几方面。

（1）可靠性高。数控刀具应具备较高的可靠性，如果可靠性过低会增加换刀花费的时间，也可能导致工件加工失误，形成报废，更有甚者会损坏机床和相关设备。

（2）加工精度高。数控刀具及其装夹结构必须具有很高的精度来保证在机床上的安装精度（通常小于 0.005 mm）和重复定位精度，以适应数控加工的精度和快速自动更换刀具的要求。

（3）切削性能好。数控刀具必须有承受高速切削和大进给量的性能，而且要有较高的耐用度。因此，对数控铣床，应尽量选用高效铣刀和可转位钻头等先进刀具；采用高速钢刀具时尽量用整体磨制后再经涂层的刀具，以保证刀具的耐用度。

（4）刀具能实现快速更换。经过在机床外预调尺寸的刀具，应能与机床快速、准确地接合和脱开，能适应机械手或机器人的操作，并能达到很高的重复定位精度。现在精密加工中心的加工精度可以达到 $3 \sim 5$ μm，因此刀具的精度、刚度和重复定位精度必须和这样的高加工精度相适应。

（5）复合程度高。刀具的复合程度高，可以在多品种生产条件下减少刀具品种规格，降低刀具管理难度。

（6）配备刀具状态监测装置。通过接触式传感器、光学摄像和声发射等方法，可进行刀具的磨损或破损的在线监测，以保证工作循环的正常进行。

2. 换刀装置的基本形式

数控加工换刀的方式有很多，如更换刀柄、刀夹、刀具、刀片，甚至可以更换整个主轴箱。

　　更换刀柄主要用于更换数控机床中的丝锥、镗刀、铣刀以及钻头等孔加工工具，其优点是更适宜选用标准刀具，便于使用标准化、系列化刀柄，但这种更换方式有一个缺陷，即必须在机床外预先调试好刀具尺寸。

　　更换刀夹和刀具的应用较为广泛，特别是应用更换刀夹的方式最为普遍，在换刀过程中选择这两种更换方式十分简便，速度更快，但也需要在机床外预先调试好刀具尺寸。

　　更换刀片一般用于更换机夹式结构刀具（包括可转位刀具）的刀片，这种更换方式对机床刀片槽和刀片的精准度都有很高的要求，但是由于自动化机床的工作空间相对狭小，拆装刀片以及清理刀片槽十分不便。

　　3. 数控机床常用刀具

　　近几年，机夹式可转位刀具更符合人们对数控机床刀具的相关要求，获得了广泛应用，它更稳定、更耐用且更容易换刀和调试。有数据表明，使用机夹式可转位刀具的数量在所有数控刀具数量中的占比为30% ～ 40%，金属切除量在总数中的占比为80% ～ 90%。下面我们来看一下可转位刀具的种类和用途，如表2-6所示。

表2-6　可转位刀具的种类和用途

刀具名称		用途
可转位面铣刀	普通形式面铣刀	适于铣削大的平面，用于不同深度的粗加工、半精加工
	可转位精密面铣刀	适于表面质量要求高的场合，用于精铣
	可转位立装面铣刀	适于钢、铸钢、铸铁的粗加工，能承受较大的切削力，适于重切削
	可转位圆刀片面铣刀	适于加工平面或根部有圆角肩台、筋条以及难加工材料，小规格的还可用于加工曲面
	可转位密齿面铣刀	适于铣削短切削材料以及较大平面和较小余量的钢件，切削效率高
可转位三面刃面铣刀	可转位三面刃铣刀	适于铣削较深和较窄的台阶面和沟槽
可转位两面刃面铣刀	可转位两面刃面铣刀	适于铣削深的台阶面，可组合起来用于多组台阶面的铣削

刀具名称		用途
可转位立铣刀	可转位立铣刀	适于铣削浅槽、台阶面和加工盲孔的镗孔
可转位螺旋立铣刀（玉米铣刀）	平装形式螺旋立铣刀	适于直槽、台阶、特殊形状及圆弧插补的铣削，适用于高效率的粗加工或半精加工
	立装形式螺旋立铣刀	适于重切削，机床刚性要好
可转位球头立铣刀	普通形球头立铣刀	适于模腔、内腔及过渡尺的外形面的粗加工、半精加工
	曲线刃球头立铣刀	适于模具工业、航空工业和汽车工业的仿形加工，用于粗铣、半精铣各种复杂型面，也可以用于精铣
可转位浅孔钻	可转位浅孔钻	适于高效率地加工铸铁、碳钢、合金钢等，可进行钻孔、铣切等
可转位成形铣刀	可转位成形铣刀	适于各种型面的高效加工，可用于重切削
可转位自夹紧切断刀	可转位自夹紧切断刀	适于对工件的切断、切槽
可转位车刀	可转位车刀	适于各种材料的粗车、半精车及精车

第三节　表面加工方法

一、加工经济精度和表面粗糙度

有数据表明，无论是车、磨、刨、铣还是其他任何的机械加工方法，都只能将工件的表面粗糙度和加工精度控制在一定范围内。但是，当一个水平极高的技术人员在十分精密的加工设备上细致地、缓慢地操作时，无论选择哪种加工方法都能减少加工误差，从而使加工工件的表面粗糙度更小，加工精度更高，只是这样会大大增加加工成本。因此，出现了一个新颖的概念——加工经济精度。加工经济精度指的是拥有标准技术等级的工人在使用完全符合质量标准的加工设备且不增加加工时长的条件下，运用某种加工工艺保证获得的表面粗糙度和加工精度。常见的加工方案以及对应的表面粗糙度和加工经济精度数值如表 2-7、2-8、2-9。

表 2-7　外圆表面加工方案

序号	加工方案	尺寸公差等级	表面粗糙度 $Ra/$ μm	适用范围
1	粗车	IT11 ～ IT13	12.5 ～ 50	适用于加工各种金属（未淬火钢）
2	粗车—半精车	IT9 ～ IT10	3.2 ～ 6.3	
3	粗车—半精车—精车	IT6 ～ IT7	0.8 ～ 1.6	
4	粗车—半精车—磨削	IT6 ～ IT7	0.4 ～ 0.8	适用于淬火钢、铸铁等，不宜加工强度低、韧性大的有色金属
5	粗车—半精车—粗磨—精磨	IT5 ～ IT6	0.2 ～ 0.4	
6	粗车—半精车—粗磨—精磨—高度磨削	IT3 ～ IT5	—	
7	粗车—半精车—粗磨—精磨—研磨	IT3 ～ IT5	0.008 ～ 0.1	
8	粗车—半精车—精车—研磨	IT5 ～ IT6	0.025 ～ 0.4	适用于有色金属

表 2-8　内圆表面加工方案

序号	加工方案	尺寸公差等级	表面粗糙度 $Ra/$ μm	适用范围
1	钻	IT11 ～ IT13	12.5	用于加工淬火钢以外的各种金属的实心工件
2	钻—铰	IT9	0.6 ～ 3.2	同上，但孔径 <10 mm

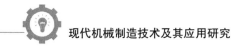

续表

序号	加工方案	尺寸公差等级	表面粗糙度 Ra/ μm	适用范围
3	钻—扩—铰	IT8～IT9	1.6～3.2	同上，但孔径为 10～80 mm
4	钻—扩—粗铰—精铰	IT7	0.4～1.6	
5	钻—拉	IT7～IT9	0.4～1.6	用于大批量生产
6	（钻）—粗镗—半精镗	IT9～IT10	63.2～6.3	用于淬火钢以外的各种金属
7	（钻）—粗镗—半精镗—精镗	IT7～IT8	0.8～1.6	
8	（钻）—粗镗—半精镗—磨	IT7～IT8	0.4～0.8	用于淬火钢、不淬火钢和铸铁件，但不宜加工硬度低、韧性大的有色金属
9	（钻）—粗镗—半精镗—粗磨—精磨	IT6～IT7	0.42～0.4	
10	粗镗—半精镗—精镗—珩磨	IT6～IT7	0.025～0.4	
11	粗镗—半精镗—精镗—研磨	IT6～IT7	0.025～0.4	用于钢件、铸铁件和有色金属件的加工

表 2-9　平面加工方案

序号	加工方案	尺寸公差等级	表面祖糙度 $Ra/\ \mu m$	适用范围
1	粗车—半精车	IT9～IT10	3.2～6.3	用于加工回转体零件的端面
2	粗车—半精车—精车	IT6～IT7	0.8～1.6	
3	粗车—半精车—磨削	IT7～IT9	0.2～0.8	
4	粗铣（粗刨）—精铣（精刨）	IT7～IT9	1.6～6.3	用于加工不淬火钢、铸铁、有色金属等材料
5	粗铣（粗刨）—精铣（精刨）—刮研	IT5～IT6	0.1～0.8	
6	粗铣（粗刨）—精铣（精刨）—宽刀细刨	IT6	0.2～0.8	
7	粗铣（粗刨）—精铣（精刨）—磨削	IT6	0.2～0.8	用于加工不淬火钢、铸铁、有色金属等材料
8	粗铣（粗刨）—精铣（精刨）—粗磨—精磨	IT5～IT6	0.1～0.4	
9	粗铣—精铣—磨削—研磨	IT4～IT5	0.025～0.4	
10	拉削	IT6～IT9	0.2～0.8	用于大批量生产淬火钢以外的各种金属

二、选择加工方法时应考虑的因素

由表 2-6 至表 2-8 可知，如果只要求加工精度，有多种加工方式可选择，因此，在正式确定工件采用何种加工方法之前，必须先考虑下列因素。

（1）工件的材料。某些材料并不适宜某种加工方法，或者更适宜某种加工方法。比如，对淬火钢进行精加工时更适宜选用的加工方法是磨削；对有色金属进行精加工时，若采用磨削容易堵塞磨砂轮，更适宜选用的加工方法是高速精细镗或精细车，精细镗也称全钢镗。

（2）工件的尺寸和形状。工件的尺寸大小不同以及形状不同可选用的加工方法有很大区别，制订的加工方案也有很大区别。比如，工件要求加工两个孔，一个孔尺寸较大，另一个孔尺寸较小，通常情况下，加工大孔时适宜选用先粗镗再半精镗再精镗的加工方法，而加工小孔时适宜选用先钻再扩再铰的加工方法。

（3）要求加工工件的生产率和生产类型。通常情况下，如果要进行大批量生产，更适宜选用生产率较高且工件质量相对稳定的加工方法；如果只进行单件或小批量生产，更适宜选用通用设备的加工方发法。

第三章 典型零件加工制造技术

第一节 轴类零件的制造

一、轴类零件概述

（一）轴类零件的功用与结构特点

在机械零件中，轴类零件是最具代表性的一类，它承担着传递扭矩、承受载荷、支承传动件的责任。轴类零件基本上都是旋转体，加工表面由同轴的外圆柱面、圆锥面、花键、螺纹、内孔等组成。根据轴类零件的结构形状可将其分为四大类：光轴、阶梯轴、空心轴、异型轴，如图3-1所示。其中异型轴又包含凸轮轴、偏心轴、曲轴等多种类型。

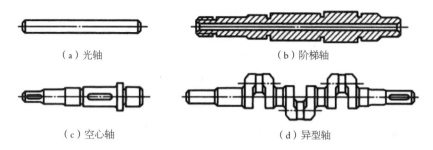

（a）光轴　　　　　　　　　　　（b）阶梯轴

（c）空心轴　　　　　　　　　　（d）异型轴

图 3-1 常见的轴类零件

（二）轴类零件的材料和毛坯及热处理

制造轴类零件时使用的原材料基本都是45钢或45Cr钢，这两类钢不仅价格相对便宜，利于降低成本，还能通过调质处理增强钢材本身的机械性能。调质状态下，此两类钢的抗拉强度 R_e 可达到 560～750 MPa，屈服强度 R_e 能达到 360～550 MPa。当某些轴要求更高时，可选用强度更高的 40CrMnMo 钢或 40MnB 钢作为原材料。调质状态下 40CrMnMo 钢的抗拉强度 R_e 高达 1 000 MPa，屈服强度 R_e 高达 800 MPa。但缺点是这两类钢价格高，这意味着成本会增加。对于一些特殊形状的轴也可使用球墨铸铁，如曲轴就可选用 QT600-02 钢。

轴最常使用的毛坯是锻件或圆钢料。锻件多用于制造直径有较大差距的阶梯轴，对于直径相近的阶梯轴和光滑轴基本都选用冷轧或热轧的圆钢料。

二、轴类零件加工的技术要求

轴类零件加工的技术要求是设计者根据轴的主要功能及使用条件确定的，通常有以下几个方面。

（一）尺寸精度和几何形状精度

轴颈是轴和其他传动件连接的地方，是整个轴零件的基准表面，直接影响着轴的工作状态和旋转精度。根据相关规定，轴颈的直径精度一般需要达到 IT6～IT9，若对轴精度有更高要求，可要求其达到 IT5。轴颈的圆柱度、圆度等几何形状精度应该符合直径公差，如果对轴的精度有更高要求，可在零件图上标注轴颈几何形状精度的允许偏差。

（二）位置精度

保证装配传动件的配合轴颈与装配轴承的支承轴颈的同轴度，是轴类零件位置精度的普遍要求。普通精度的轴，配合轴颈对支承轴颈的径向圆跳动一般控制在 0.01～0.03 mm 范围内，高精度一般控制在 0.001～0.005 mm。

（三）表面粗糙度

支承轴颈的表面粗糙度比其他轴颈要求严格，其表面粗糙度 Ra 一般为 0.1～0.4 μm，配合轴颈的表面粗糙度 Ra 一般为 0.4～1.6 μm。

（四）其他要求

为改善轴类零件的切削加工性能或提高综合力学性能及使用寿命等，还必须根据轴的材料和使用条件，规定相应的热处理技术要求。

三、轴类零件的加工准备工序

（一）校直

制造轴类零件的毛坯在锻造、储藏、运输过程中可能会因碰撞、挤压等外力作用产生弯曲变形，因此，为了确保送料装夹足够可靠、加工余量足够均匀，往往会对相对偏长的毛坯进行校直处理。

（二）切断

如果将圆棒料作为制造轴类零件的毛坯，就需要在恰当的长度处进行切断处理，切断过程可以在带锯床、圆盘锯床、弓形锯床上进行。带锯床切口较窄，可以有效降低材料的额外损耗，可用于切断相对贵重的金属材料。圆盘锯床切口相对较宽，材料切断后极易出现端面不平整的情况，材料损耗较多，但其可进行连续多次的切削工作，且刀具刚性极强，使得生产效率极高，主要用于切断黑色金属。弓形锯床切口也相对偏窄，可减少材料损耗，但无法进行连续切削，故生产效率比较低，适宜小批量生产。如果需要切断高硬度的棒料，就可选择车床或带有薄片砂轮的切割机。

（三）热处理

轴的锻造毛坯在机械加工之前，需进行正火或退火处理，以使材料的晶粒细化（或球化），消除锻造后的内应力，降低硬度，改善切削加工性能。凡要求局部表面淬火提高耐磨性的轴，都要在淬火前安排调质处理（有的材料用正火）。表面淬火处理一般放在精加工之前，这样可使淬火引起的局部变形得以纠正。对于精度较高的轴，在局部淬火或粗磨之后，为使尺寸稳定，需进行低温时效处理（在 160 ℃的油中进行长时间的低温时效处理），消除磨削残余应力、淬火残余应力及残余奥氏体。对于整体淬火的精密主轴，在淬火和粗磨之后，尤其需要经过较长时间的低温时效处理。

（四）切端面和打中心孔

在轴类零件加工过程中，大多都是用中心孔充当定位基准，因此，中心孔必须始终保持干净和精确，且应先切端面后再钻中心孔。中心孔的几何尺寸是由轴径大小决定的，应依据国家标准《中心孔》（GB/T 145—2001）选择相应尺寸的中心钻用于加工中心孔。为保证轴类零件外圆表面加工余量相同，中心孔的位置应和毛坯的中心在同一轴线上。另外，对于同一批毛坯，其两端中心孔间距应相同。在自动获得轴向尺寸的机床上加工轴类零件时，为确保轴两端面和各阶台轴之间的尺寸相同，应尽可能保证端面加工余量相同或相近。

四、轴类零件的装夹

（一）用外圆表面装夹

粗加工时切削力很大，常用轴的外圆或外圆与中心孔共同作为定位基准，以提高工艺系统的刚度。当工件的长径比不大时，可用外圆表面装夹，并传递扭矩。通常使用的夹具是三爪自定心卡盘。四爪单动卡盘不能自动定心，能装夹形状不规则的工件，夹紧力大，若精心找正，能获得很高的装夹精度。

（二）用中心孔装夹

轴线是轴上各外圆表面的设计基准，以中心孔为精基准复合基准重合原则和基准统一原则，能使各外圆表面获得较高的位置精度。当工件长径比较大时，常用两中心孔装夹。中心孔的尺寸大小应与轴颈尺寸大小相适应，锥角应准确，两端中心孔轴线应重合，并在整个加工过程中保持精度。对于较大型的长轴零件的粗加工，常采用一夹一顶的装夹法，即工件的一端用车床主轴上的卡盘夹紧，另一端用尾座顶尖支承，以克服其刚性差、不能承受重切削的缺点。

（三）用内孔表面装夹

对于空心的轴类零件，在加工出内孔后，作为定位基准的中心孔已不存在，为了使以后各道工序有统一的定位基准，常用带有中心孔的各种堵头和拉杆心轴装夹工件。

当空心轴端有小锥度孔时，常使用锥堵，如图 3-2 所示。若为圆柱孔，也采用小锥堵定位。

当锥孔的锥度较大时，可用带锥堵的拉杆心轴装夹，如图 3-3 所示。

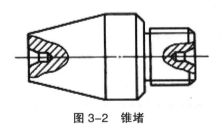

图 3-2 锥堵

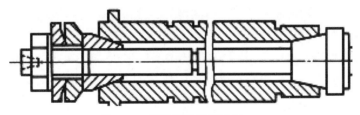

图 3-3　带锥堵的拉杆心轴

五、典型轴类零件的加工工艺分析

下面以图 3-4 所示的传动轴为例，说明典型轴类零件的机械加工过程。

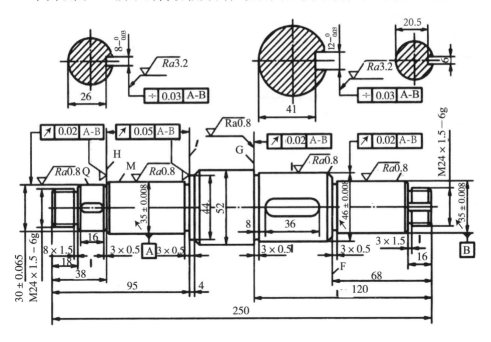

图 3-4　传动轴

（一）零件图样分析

由图 3-4 可知，此传动轴属于台阶轴，包括圆柱面、轴肩、键槽、砂轮越程槽、螺尾退刀槽、螺纹等。其中，轴肩主要用于判断轴上零件的轴向位置；键槽只用于安装各种键，便于传递转矩；各个环槽可以帮助人们在装配零件时精准找到每一个位置，同时便于车螺纹或磨削外圆时退刀；螺纹的主要作用是调整螺母位置，装紧各种螺母。由图可知，该传动轴明确规定了轴肩 G、H、I、外圆 P、Q 以及主要轴颈 M、N 的几何尺寸，相对位置精度以及表面粗糙度，同时附加热处理要求，这其中最重要的环节就是加工外圆 P、Q 以及主要轴颈 M、N。在加工过程中必须体现图中要求的所有参数以及对应的加工要求。

（二）确定毛坯

图中传动轴属于一般类型的中小传动轴，原材料选用 45 钢即可。其最大直径为 52 mm，且各个外圆直径相差并不大，直径选择 60 mm 即可。因此，此传动轴的毛坯可选择 φ60 mm 的热轧圆钢。

（三）确定主要表面的加工方案

由于传动轴多数回转表面，所以主要选用车削和磨削加工，便于外圆表面成型。而且要求该传动轴的主要表面 M、N、P、Q 的公差等级达到 IT6，表面粗糙度 Ra 为 0.8 μm，简单车削后还需磨削精加工。因此，外圆表面的加工方案就是先粗车，再半精车，再磨削。

（四）确定定位基准

为保证轴类零件的尺寸足够精准、位置足够准确，必须选择恰当的定位基准。由图可知，此传动轴的对基准轴线 A—B、轴肩 G、H，主要表面 M、N、Q、P 等都有端面圆跳动公差和径向圆跳动公差，且此轴为实心轴，故定位基准应选择轴两端的中心孔，选用双顶尖装夹方式。

在加工中心孔过程中，先以热轧圆钢的毛坯外圆充当粗基准，加工方式是用三爪自定心卡盘装夹毛坯外圆，车出一个端面，钻出一个中心孔。这里需要注意，绝对不能装夹两次毛坯外圆钻出两端的中心孔，此粗基准只能使用一次。当车出一个端面后，应以三爪自定心卡盘装夹车好的外圆表面充当基准，再车另一端面，钻另一中心孔。只有这样做才能确保钻出的两中心孔位于同一轴线上。

（五）划分阶段

由于此传动轴要求精度较高，为保证零件质量，必须多次加工。根据加工方案，第一阶段是粗车，主要车出零件的外圆表面和中心孔；第二阶段是半精车，主要车出次要表面，并将所有外圆、台阶面进行半精车，同时注意修研中心孔；第三阶段是磨削，主要方式是将各处外圆进行粗磨和精磨，保证符合加工要求。在加工过程中可以将热处理过程作为区分三个阶段的节点。

（六）确定热处理及工艺路线

轴的热处理工艺是由轴的材料和技术要求决定的，一般情况下，传动轴的热处理工艺多使用表面淬火、调质处理以及正火处理。此传动轴技术要求中明确规定使用调质处理，故在粗车外圆之后、半精车之前对轴进行调质处理。因此，此传动轴的工艺路线如下：

下料→车两端面、钻中心孔→粗车各外圆→调质→修研中心孔→半精车各外圆、车槽、倒角→车螺纹→划键槽加工线＋铣键槽→修研中心孔→磨削→检验。

（七）确定加工尺寸和切削用量

传动轴磨削余量可取 0.5 mm，半精车余量可取 1.5 mm。加工尺寸可由此而定，见该传动轴加工工艺卡的工序内容。车削用量的选择，单件、小批量生产时，可根据加工情况由工人确定，一般可从《机械加工工艺手册》或《切削用量简明手册》中选取。

（八）拟定加工工艺过程

在进行粗加工之前必须加工出定位精基准面和中心孔，在调质处理之后和磨削加工之前需进行一次中心孔修研工作。在调质处理之后修研中心孔是为了避免中心孔因热处理发生氧化和变形，影响后续定位；在磨削加工之前修研中心孔是为了提高定位精基准面的精度，同时降低锥面的表面粗糙度。在传动轴的加工过程中，不仅要注意主要表面的加工，还要注意次要表面的加工。在对 $\varphi44$ mm、$\varphi52$ mm 及 M24 mm 外圆进行半精车加工时，不仅要车出图样中要求的几何尺寸，还要车出各种附加的倒角、退刀槽以及螺纹。另外，还要在半精车之后、磨削之前将图中的 3 个键槽用铣削的方式加工出来，因为在此时加工不仅能利用定位基准精准确定键槽的位置，还能防止后开键槽损坏磨削加工后的外圆表面。在整个加工工艺过程中，必须加入检验工序，确定检验项目、检验方法，避免因中间出现错误而浪费后续时间。该传动轴的机械加工工艺过程详如表 3–1 所示。

表 3–1　传动轴机械加工工艺过程

序号	工序名称	工序内容	设备	备注
1	下料	$\varphi60$ mm × 265 mm	—	—

序号	工序名称	工序内容	设备	备注
2	车	三爪自定心卡盘装夹毛坯外圆	C6140	
		车端面见平,钻中心孔,用尾座顶住中心孔		中心钻 $\varphi 2$ mm
		粗车 $\varphi 46$ mm 外圆至 $\varphi 48$ mm,长 118 mm		
		粗车 $\varphi 35$ mm 外圆至 $\varphi 37$ mm,长 66 mm		
		粗车 M24 mm 外圆至 $\varphi 26$ mm,长 14 mm		
		调头,三爪自定心卡盘装夹 $\varphi 48$ mm 处 $\varphi 44$ mm 外圆		
		车另一个端面,保证总长 250 mm	车床	
		钻中心孔,尾座顶尖顶住中心孔		—
		粗车 $\varphi 52$ mm 外圆至 $\varphi 54$ mm		
		粗车 $\varphi 35$ mm 外圆至 $\varphi 37$ mm,长 93 mm		
		粗车 $\varphi 30$ mm 外圆至 $\varphi 32$ mm,长 36 mm		
		粗车 M24 mm 外圆至 $\varphi 26$ mm,长 16 mm		
		检验		
3	热处理	调质处理 220～240HBS	—	—
4	钳	修研两端中心孔	车床	—

序号	工序名称	工序内容	设备	备注
5	车	双顶尖装夹 半精车 φ46 mm 外圆至 φ46.5 mm，长 120 mm 半精车 φ35 mm 外圆至 φ35.5 mm，长 68 mm 半精车 M24 mm 外圆至 φ24 mm，长 16 mm 半精车 2～3 mm×0.5 mm 环槽 半精车 3 mm×1.5 mm 环槽 倒外角 1 mm×45°，3 处 调头，双顶尖装夹 半精车 φ35 mm 外圆至 φ35.5 mm，长 95 mm 半精车 φ30 mm 外圆至 φ35.5 mm，长 38 mm 半精车 M24 mm 外圆至 φ24 mm，长 18 mm 半精车 φ44 mm 至尺寸，长 4 mm 车 2～3 mm×0.5 mm 环槽 车 3 mm×1.5 mm 环槽 倒外角 1 mm×45°，4 处 检验	车床	—
6	车	双顶尖装夹，车 M24 mm×1.5 mm - 6g 至尺寸 调头，双顶尖装夹 车 M24 mm×1.5 mm - 6g 至尺寸 检验 划两个键槽及一个止动垫圈槽加工线	车床	—
7	钳	用 V 形虎钳装夹，按线找正	—	—

序号	工序名称	工序内容	设备	备注
8	铣	铣键槽 12 mm×36 mm，保证尺寸 41～41.25 mm	立铣	—
		铣键槽 8 mm×16 mm，保证尺寸 26～26.25 mm		
		铣止动垫圈槽 6 mm×16 mm，保证至尺寸		
		检验		
9	钳	修研两端中心孔	车床	—
10	磨	磨外圆 φ35±0.008 mm 至尺寸	外圆磨床	—
		磨轴肩 I		
		磨外圆 φ30±0.0065 mm 至尺寸		
		磨轴肩 H		
		调头，双顶尖装夹		
		磨外圆 P 至尺寸		
		磨轴肩 G		
		磨外圆 N 至尺寸		
		磨轴肩 F		
		检验		

第二节 套筒类零件的制造

一、套筒类零件概述

（一）套筒类零件的功用

套筒类零件也是机械加工常见的零件，它是回转体零件中的空心薄壁件，主要起导向作用或支承作用，广泛应用在各种机器中。

（二）套筒类零件的结构特征

若套筒类零件用途不同，相应的尺寸和结构也不相同，但它的结构也存在一些共同特征。比如，套筒类零件的结构往往都很简单；套筒类零件的外圆直径 d 基本都比长度 L 小，且长度和直径之比小于5，即 $L/d<5$；套筒类零件属于薄壁件，故外圆和内孔的直径相差不大，极易发生形变；为更好发挥套筒类零件的作用，其外圆和内圆回转面一般都具有极高的同轴度。

（三）套筒类零件的分类

套筒类零件根据用途不同可分为三类。

（1）轴承类（轴套）。这类零件主要起支承作用，支承着轴和轴上的零件，承担着回转部件运动产生的惯性力和重力，如滑动轴承等。

（2）导套类。这类零件主要起导向作用，带动连接导套类零件的刀具或其他零件运动，如夹具上使用的导向套和钻套、模具上使用的导套等。

（3）缸套类。这类零件不仅起到支承作用，还起到导向作用，支承活塞并承担其运动产生的工作压力，同时引导活塞进行轴向的往复运动，如电液伺服阀的阀套、液压系统中的液压缸、内燃机上的气缸套等。

（四）套筒类零件的材料

制造套筒类零件的材料是由零件的工作条件、结构特点以及功能要求决定的。一般情况下，制造套筒类零件的材料是青铜、铸铁、钢，有时也会使用黄铜和粉末冶金等材料。如果对其有特殊要求，那么也可选用优质的合金钢或双层金属结构。所谓双层金属结构指的是在铸铁或钢制成的套筒内壁上运用离心铸造法浇注一层轴承合金材料，如巴氏合金、铅青铜、锡青铜等。应用双层金属结构制造套筒零件虽然工时会稍长一些，但是能节约大量有色金属，轴承的使用寿命也会增长。

（五）套筒类零件的毛坯

选择套筒类零件毛坯时需要结合零件的几何尺寸、具体结构以及所用材料。当套筒零件直径小于 20 mm 时，毛坯可选用实心铸件、冷拉或热轧棒料；当套筒零件的直径偏大时，可选用带孔锻件或铸件、无缝钢管。当进行大批量生产时，可选用高精度、高效率的毛坯；当只是进行小批量生产时，可选用自由锻件、砂型铸件或型材。在大批量生产时为节约金属原料、提高生产效率，可在制造毛坯锻件时选用先进的工艺技术，如粉末冶金和冷挤压等。

二、套筒类零件加工的技术要求

套筒类零件加工的技术要求可分为三部分：第一，零件的外圆和内孔之间的同轴度必须符合要求；第二，零件的端面和外圆轴线或内孔轴线之间的垂直度必须符合要求；第三，外圆表面和内孔表面本身具有的尺寸精度、形状精度和表面粗糙度等必须符合要求。

（一）尺寸精度与形状精度

（1）套筒类零件的内孔表面是其发挥支承作用和导向作用的主要面，与活塞、刀具、轴等紧密相连并相互配合。一般情况下，内孔表面的直径尺寸精度为 IT7，如果属于精密轴承套，其尺寸精度需达到 IT6；其一般为圆柱形，形状精度主要为圆度和圆柱度（套筒零件过长），误差需要控制在孔径公差范围内，如果属于精密套类零件，其圆度和圆柱度的误差应在 1/3 ～ 1/2 孔径公差范围内，甚至更小。

（2）套筒类零件的外圆表面是零件本身的支承表面，一般通过过盈配合或过渡配合的方式与机架或箱体上的孔相互配合。其外圆表面直径尺寸精度为 IT6 ～ IT7，形状精度需控制在直径公差范围内。

（二）相互位置精度

（1）对套筒类零件来说，其外圆和内孔之间的同轴度至关重要，它是判断两者相互位置精度的关键。外圆轴线和内孔轴线的同轴度公差一般控制在 0.01~0.05 mm 范围内。

（2）当套筒类零件端面作为定位基准时，或者运动过程中受到轴向载荷时，端面和内孔轴线之间的垂直度公差应控制在 0.02 ～ 0.05 mm 范围内。

（三）表面粗糙度

套筒类零件主要发挥支承作用和导向作用，外圆表面和内孔表面的表面粗糙度不能过高，且需要具备极高的耐磨性。一般情况下，外圆表面的表面粗糙度 Ra 需控制在 0.63 ～ 5 μm 范围内，而内孔表面的表面粗糙度 Ra 需控制在 0.16 ～ 2.5 μm 范围内，当为精密零件时，内孔表面的表面粗糙度 Ra 为 0.04 μm。

三、套筒类零件的加工工艺

（一）保证加工表面位置精度的方法

套筒类零件的定位基准主要是外圆和内孔的中心，在加工过程中必须遵从互为基准原则和基准统一原则，确保相互位置精度符合要求。

（1）当零件尺寸较小时，尽可能在装夹一次过程中就完成端面、外圆、内孔的加工，避免出现安装误差，而且只装夹一次，定位基准统一，相互位置精度更高。这种方式也有一定的缺陷，由于只装夹一次，且进行多项加工，工序较为集中，极易受零件结构限制，主要用于加工尺寸较小的轴套类零件，若零件尺寸较大，很难一次完成加工，则不宜使用此方法。

（2）当零件尺寸较大或结构复杂不能装夹一次就能完成加工时，在加工外圆和内孔时可采用互为基准原则和反复加工原则。通常情况下，先装夹一次加工出内孔，再装夹一次以内孔为精基准加工外圆。这种方法第二次装夹是以内孔作为定位基准的，只需使用心轴等简单夹具就可完成，相对位置精度极高，安装误差很小。

（3）当有明确工艺要求或需要必须先加工外圆时，可先加工外圆再以外圆为精基准加工内孔。如果选用一般类型的卡盘进行加工，虽然简单方便，迅速可靠，刀具在刀架上悬伸不会过长，刚性极佳，且方便修正加工内孔时产生的同轴度误差，但是用一般卡盘装夹加工容易产生较大误差，且加工后零件的位置精度偏低。为了获得更高的位置精度，可选用定心精度较高的夹具，如液性塑料夹具、弹性膜片卡盘、经过修磨后的三爪自定心卡盘及软爪等。

（二）装夹

套筒类零件用外圆（或外圆与端面）定位装夹时一般使用的夹具有弹簧夹头、四爪卡盘、三爪卡盘等。若零件的壁厚偏薄，则不宜采用三爪卡盘，可适当大装夹接触爪面积、选用刚性开口环夹紧、软爪安装、径向夹紧等方式，避免零件变形。若工件为毛坯，则以外圆为粗基准进行定位装夹；若工件的外圆和端面都已完成加工，则可通过组合定位装夹，如选用反爪安装；若工件较长，则可选用"一夹一托"法安装。

若零件以内孔作为定位基准，且对零件外圆和内孔的同轴度没有太高要求，则可选用可胀式心轴、圆柱心轴安装；当对零件外圆和内孔的同轴度要求极高时，可选用液塑心轴、锥度心轴安装。当工件过长时，可在两端孔口处加工出一小段60°锥面，使用两圆锥对顶定位。当工件的加工要求和结构形状十分特殊时，可设计专用夹具安装。

（三）热处理

套筒类零件的热处理方法是由零件的结构特点和功能要求决定的，主要有渗氮处理、高温时效处理、调质处理、表面淬火、渗碳淬火等。

（四）其他工艺问题

（1）在加工套筒类零件时，最关键的就是加工内孔表面，其加工方法很多。当对零件内孔表面的尺寸精度和表面粗糙度没有太高要求时，可选用铣孔、镗孔、车孔、扩孔、钻孔等方式；当对零件内孔表面的尺寸精度和表面粗糙度要求极高时，可选用铰孔、珩孔、磨孔和滚压孔，其中铰孔适用于尺寸较小的孔，珩孔、磨孔、滚压孔适用于尺寸较大的孔。当生产批量较大且无台阶阻挡时，可选用拉孔；当对其表面有较高贴合要求时，可选用研磨孔；当加工有色金属等软材料时，可选用精镗加工，如金刚镗。

（2）在加工套筒类零件时必须注意不能使工件发生形变。套筒类零件的孔壁一般都比较薄，在加工过程中很容易受到各种因素的影响产生形变，如切削热、残余应力、切削力、夹紧力等。为避免此类情形发生，可选用下列工艺。

①减小切削热和切削力的影响。对于那些孔壁偏薄、易变形的工件，在加工过程中可将工序分散，同时注意加工时的切削量。可先进行粗加工，再进行精加工，这样会在精加工过程中修正粗加工产生的形变。

②减小夹紧力的影响。夹紧力对工件影响很大，可将径向夹紧方式改为轴向夹紧。若只能选用径向夹紧方式，可在工件和夹具中间使用弹簧套、开缝过渡套等工具，使径向夹紧力均匀分布在工件所有方向，而非只作用于接触点。

③减小热处理的影响。可在粗加工之后、精加工之前进行热处理，这样做可以在精加工过程中修正热处理引发的形变。

（3）套筒类零件加工的典型工艺如下：备坯→去应力处理→基准面加工

→内孔粗加工→外圆等粗加工→组织处理→内孔半精加工→外圆等半精加工→其他非回转面加工→去毛刺→中检→零件最终热处理→内孔精加工→外圆等精加工→清洗→终检。

四、典型套筒类零件的加工工艺分析

（一）钻床主轴套筒

以钻床主轴套筒为例，如图 3-5 所示，分析套筒类零件的加工工艺。

1. 钻床主轴套筒的技术分析

（1）毛坯选择。生产类型为大批量生产，根据零件的结构形状和功能，用 45 钢无缝钢管做毛坯材料，以节约原材料和省去钻通孔的工作量。45 钢切削加工性良好。

（2）零件主要组成表面。外圆 $\phi 50j7 \binom{+0.015}{-0.010}$ mm 是套筒最主要的表面。

（3）主要技术条件。外圆 $\phi 50j7 \binom{+0.015}{-0.010}$ mm 轴线是零件各项位置精度要求的基准要素，尺寸精度为 IT7，圆柱度公差为 0.004 mm，表面粗糙度 R_a 为 0.4 μm。两端 $\phi 40J7 \binom{+0.014}{-0.011}$ mm 的台阶孔精度为 IT7，圆度公差为 0.01 mm，对外圆轴线的同轴度公差为 0.02 mm，表面粗糙度 Ra 为 1.6 μm。其台阶端面对外圆轴线的端面圆跳动公差为 0.01 mm，表面粗糙度 Ra 为 0.8 μm。外圆表面上的齿条精度等级为 8 级，齿面表面粗糙度 Ra 为 1.6 μm。

2. 零件机械加工工艺性分析

（1）主要表面加工方法选择。$\phi 50j7$ 外圆的各项要求均较高，通过精磨完成；两个 $\phi 40J7$ 台阶孔采用精车式方齿条，它采用铣齿方法加工。

（2）热处理安排。在粗车后、半精车前安排调质热处理。为消除工艺过程中形成的各种应力，在精磨前安排低温时效热处理工序。

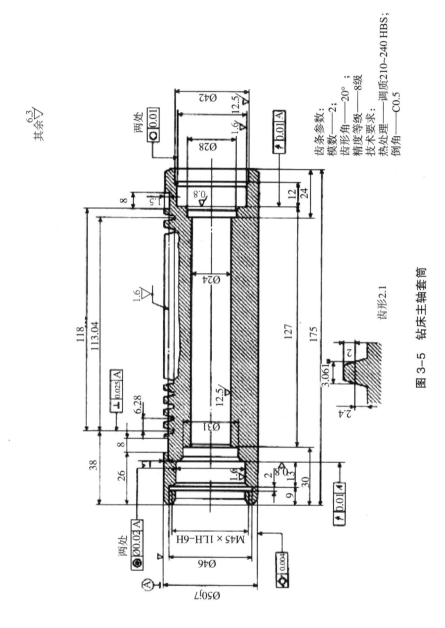

图 3-5 钻床主轴套筒

3.钻床主轴套筒加工工艺过程

接下来，我们来看一下钻床主轴套筒的机械加工工艺过程，如表 3-2 所示。

表 3-2 钻床主轴套筒的机械加工工艺过程

序号	工序名称	工序内容	装夹方法	加工机床
1	备料	45 钢无缝钢管 外径 $\varphi54$ mm 内径 $\varphi22$ mm，长 179 mm	—	—
2	车	车两端面，保持长 177 mm	夹、托外圆	卧式车床
3	车	粗车外面，直径留加工余量 $1.5 \sim 2$ mm	两顶尖顶住孔口	卧式车床
4	车	$\varphi24$ mm 孔车至尺寸	夹、托外圆	卧式车床
5	热处理	调质处理 $210 \sim 240$HB	—	—
6	车	（1）车右端面，车 $\varphi40$J7 孔，直径留余量 $0.3 \sim 0.4$ mm，其余台阶孔车至尺寸；外圆倒角，$\varphi28$ mm 孔口倒 60° 中心锥孔，宽 2 mm； （2）调头装夹，车左端面，总长至尺寸；车 $\varphi40$J7 孔，留直径余量 $0.3 \sim 0.4$ mm，其余台阶孔车至尺寸；切内槽 $\varphi46$ mm；车螺纹；外圆倒角，$\varphi31$ mm 孔口倒 60° 中心锥孔，宽 2 mm	夹、托外圆	卧式车床
7	车	半精车外圆，直径留加工余量 $0.3 \sim 0.4$ mm	$\varphi28$ mm、$\varphi31$ mm 孔口两顶尖装夹	卧式车床
8	磨	外圆粗磨至 $\varphi50.10^{0}_{-0.05}$ mm	$\varphi28$ mm、$\varphi31$ mm 孔口两顶尖装夹	外圆磨床
9	铣	粗、精铣齿条（注意外圆留有余量）	外圆与中心孔"一夹一顶"	卧式铣床
10	铣	铣 8 mm×1.5 mm 两处槽	外圆与中心孔"一夹一顶"	卧式铣床
11	热处理	低温时效处理	—	—

序号	工序名称	工序内容	装夹方法	加工机床
12	钳	两端孔口修研 60° 锥面	—	专用研具
13	磨	精磨外圆 φ50j7 至尺寸	两顶尖装夹	外圆磨床
14	车	（1）精车 φ40J7 孔及台阶端面至尺寸，孔口倒角； （2）调头装夹，精车 φ40J7 孔及台阶端面尺寸，孔口倒角	夹、托外圆	卧式车床
15	检验	按零件图样要求全部检验	—	—

（二）轴承套

图 3-6 为一轴承套，材料为 ZQSn6-6-3，每批数量为 500 件。加工时，应根据工件的毛坯材料、结构形状、加工余量、尺寸精度、形状精度和生产纲领，正确选择定位基准、装夹方法、加工设备和加工工艺过程，以保证达到图样要求。其主要技术要求为 φ34js7 mm 外圆对 φ22H7 mm 孔的径向圆跳动公差为 0.01 mm；左端面对 φ22H7 mm 孔的轴线垂直度公差为 0.01 mm。由此可见，该零件的内孔和外圆的尺寸精度和位置精度要求均较高，其机械加工工艺过程如表 3-3 所示。

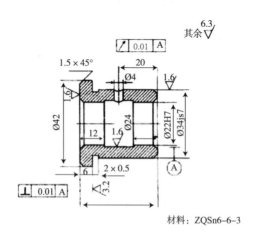

材料：ZQSn6-6-3

图 3-6　轴承套

表 3-3　轴承套的机械加工工艺过程

序号	工序名称	工序内容	定位基准	加工机床
1	备料	棒料，按 6 件合 1 加工下料	—	—
2	钻中心孔	（1）车端面，钻中心孔； （2）调头车另一端面，钻中心孔	外圆	卧式车床
3	粗车	车外圆 φ42 mm 长度为 6.5 mm，车外圆 φ34js7 mm，长度为 35 mm，车空刀槽 2mm × 0.5 mm，取总长 40.5 mm，车分割槽 φ 20mm × 3 mm，两端倒角，6 件同时加工，尺寸均相同	中心孔	—
4	钻	钻 φ22H7mm 孔到 φ 20mm，成单件	φ42 mm 外圆	卧式车床
5	车、铰	（1）车端面至尺寸，取总长 40 mm； （2）车内孔 φ 22H7 mm 为 φ 22mm； （3）车内槽 φ 24 mm × 16 mm 至尺寸； （4）铰孔 φ 22H7 mm 至尺寸； （5）孔两端倒角	φ42 mm 外圆	卧式车床
6	精车	车 φ34js（0.012）mm 至尺寸	φ22H7mm 孔心轴	卧式车床
7	钻	钻径向油孔 φ4 mm	φ34js7mm 外圆及端面	—
8	检验	检验入库	—	—

第三节　箱体类零件的制造

一、箱体类零件概述

（一）箱体类零件的功用

箱体是机器中重要的基础零件，它的质量关系到整个机器的使用寿命、精度以及性质有。箱体类零件的主要作用是将散落的齿轮、轴、套等零件整合成一个有机整体，同时保证各个零件在正确的位置完成相应的运动。

（二）箱体类零件的结构特点

常见的箱体类零件有各类泵的外壳、车辆的变速箱、机床的进给箱和主轴箱等。显然，箱体类零件的结构形状五花八门，其结构形状是随着箱体类零件的功用和机器形状的变化而变化的。但它们也有许多相同点，如结构相对复杂，内部呈腔形，每边的壁厚并不完全相同。在箱体壁上不仅需要加工各种高精度的平面和轴承支承孔，还需要加工各种低精度的紧固孔，加工部位多且难度大。

（三）箱体类零件的分类

由于各箱体类零件的功用不同，故其结构形状和尺寸大小也有较大差别。根据箱体上是否有剖分的主要轴承孔将其分成两类：剖分式箱体和整体式箱体。

（四）箱体类零件的材料

箱体类零件的材料一般采用铸铁（以 HTI50 和 HT200 应用最多）。铸铁具有铸造性好、吸振性好、耐磨性好、切削性能好、线膨胀系数小以及成本低廉等特点。为了尽量减少铸件内应力对加工质量的影响，零件在浇铸后均需安排热处理工序，然后按有关铸件的技术要求进行验收。在某些特定的条件下，为了减轻质量，一些汽车的变速器、离合器壳体通常采用镁铝合金。铝合金的特点是硬度低、导热性好，适于高速切削，但熔点低，在切削加工中容易产生积屑瘤，使被加工零件的尺寸精度和表面粗糙度受到影响。一些负荷较大的减速箱箱体，常采用铸钢件。

（五）箱体类零件的毛坯

箱体类零件的毛坯多采用铸件，毛坯选择不但影响毛坯的制造工艺、加工设备选择及产品成本，而且极大地影响零件机械加工的工艺过程、原材料和切削工具的消耗、切削加工的劳动生产率及零件的制造周期。箱体类铸件毛坯在单件、小批量生产时，一般采用木模手工造型，毛坯精度较低，加工余量大；在大批量生产时，通常采用金属模机器造型，毛坯精度较高，加工余量相应减小，且生产率较高。单件、小批量生产直径大于 50 mm 的孔，大批量生产直径大于 30 mm 的孔，一般都预先铸出毛坯底孔，以减少加工余量。铝合金箱体常用压铸制造，毛坯精度很高，加工余量很小，一些表面不必经切削加工即可使用。在单件生产时，有时还采用焊接件作箱体类零件毛坯，以缩短生产周期。另外，在毛坯铸造时，应防止砂眼和气孔的产生，应使箱体类零件的壁厚尽量均匀，以减少毛坯制造时产生的残余应力。

二、箱体类零件加工的技术要求

箱体类零件绝对不能存在裂纹、疏松、砂眼、气孔等缺陷，故对箱体毛坯的质量有极高的要求。大多数铸铁箱体在加工之前都会经过退火处理来降低箱体的表面硬度，方便进行切削加工，但为了保证箱体在使用时不发生变形，一般都需要将箱体在自然环境中放置一段时间，使其释放所有内应力。对箱体重要加工面的主要要求如下。

（一）支承孔的尺寸精度、形状精度和表面粗糙度

箱体上的主要支承孔（如主轴孔）的尺寸公差等级为 IT6，圆度允差为 0.006～0.008 mm，表面粗糙度 Ra 为 0.8～0.4 μm。箱体上的其他支承孔的尺寸公差等级为 IT6～IT7，圆度允差在 0.01mm 左右，表面粗糙度 Ra 为 1.6～0.8 μm。

（二）支承孔之间的相互位置精度

箱体上有齿轮啮合关系的孔系之间应有一定的孔距尺寸精度和平行度要求，否则会影响齿轮的啮合程度，使工作时产生噪声和振动，缩短齿轮使用寿命。这项精度主要取决于传动齿轮的中心距允许偏差和精度等级。同一轴线的孔应有一定的同轴度要求，否则会使轴装配困难，即便装上也会使轴的运转情况不良，加剧轴承的磨损，且使其温度升高，影响机器的精度和正常工作。支承孔间中心距允差一般为 ±0.05 mm，轴线的平行度允差为 0.03～0.1 mm，同轴线孔的同轴度允差一般为 0.02 mm。

（三）主要平面的形状精度、相互位置精度和表面粗糙度

箱体的主要平面一般都是装配或加工中的定位基准面，它直接影响箱体和机器总装时的相互位置精度和接触刚度、箱体加工中的定位精度。一般箱体上的装配和定位基准面的平面度允差在 ±0.05 mm 范围内，表面粗糙度 Ra 在 1.6 μm 以内。主要结合平面一般需要进行刮研或磨削等精加工，以保证接触良好。

（四）支承孔与主要平面间的相互位置精度

箱体的主要支承孔与装配基准面的相互位置精度由该部件装配后精度要求确定，一般在 0.02 mm 左右，多采用修配法进行调整。若采用完全互换法，则应由加工精度来保证，且精度要求较高。

三、箱体类零件加工的一般原则

（一）先面后孔原则

先加工平面，后加工支承孔，是箱体类零件加工的一般规律。其原因在于，箱体类零件一般是以平面为精基准来加工孔的，按照先基准、后其他的原则进行；平面的面积较大，定位准确可靠，先面后孔容易保证孔系的加工精度，先加工平面可以避免铸件表面的凹凸不平等缺陷，对孔加工有利。

（二）粗精分开、先粗后精原则

由于箱体的结构形状复杂，主要表面的精度高，所以一般应将粗、精工序分开，并分别在不同精度的机床上加工。

（三）先主后次原则

紧固螺钉孔、油孔等小孔的加工一般应放在支承孔粗加工、半精加工之后或精加工之前进行。

（四）合理安排时效处理

对普通精度的箱体类零件，一般在毛坯铸造之后安排一次人工时效即可；对一些高精度或形状特别复杂的箱体，应在粗加工之后再安排一次人工时效。

四、箱体类零件的结构工艺性分析

（一）基本孔的工艺性分析

箱体类零件的基本孔可分为通孔、阶梯孔、盲孔、交叉孔等几类。通孔工艺性最好，通孔中孔长 L 与孔径 D 之比 $L/D \leq 1 \sim 1.5$ 的短圆柱孔的工艺性最好；对于长径比 $L/D>5$ 的深孔，如果精度要求较高、表面粗糙度较小时，那么加工就会很困难。阶梯孔的工艺性与"孔径比"有关，孔径相差越小则工艺性越好，孔径相差越大且其中最小的孔径又很小时，工艺性就越差。相贯通的交叉孔的工艺性也较差。盲孔的工艺性最差，这是因为在精镗或精铰盲孔时要手动送进或采用特殊工具送进，此外盲孔内端面的加工也特别困难，故应尽量避免使用盲孔。

（二）同轴孔的工艺性分析

对于同一轴线上孔径大小向一个方向递减（如 CA6140 的主轴孔）的情况，

在镗孔时镗杆从一端伸入逐个加工或同时加工同轴线上的几个孔，以保证获得较高的同轴度和生产率。单件、小批量生产时一般采用这种分布形式。同轴线上孔的直径大小从两边向中间递减（如 C620-1、CA6140 主轴箱轴孔等）时，可使刀杆从两边进入，这样不仅缩短了镗杆长度，提高了镗杆的刚性，还为双面同时加工创造了条件。所以大批量生产的箱体常采用此种孔径分布形式。

同轴线上孔径的分布形式，应尽量避免中间隔壁上的孔径大于外壁的孔径，因为加工这种孔时，要将刀杆伸进箱体后装刀、对刀，结构工艺性较差。

（三）装配工艺性分析

为了便于加工、装配和检验，箱体的装配基面尺寸应尽量大，形状也应尽量简单。

（四）凸台的工艺性分析

箱体外壁上的凸台应尽可能在一个平面上，以便在一次走刀中加工出来，而无须调整刀具的位置，使加工简单方便。

（五）紧固孔和螺孔的工艺性分析

箱体上的紧固孔和螺孔的尺寸规格应尽量一致，以减少刀具数量和换刀次数。此外，为保证箱体有足够的动刚度与抗振性，应酌情合理使用肋板、肋条，加大圆角半径，收小箱口，增大主轴前轴承口厚度。

五、箱体类零件的加工工艺

箱体类零件的加工主要是一些平面和孔的加工。平面加工可用粗刨→精刨、粗刨→半精刨→磨削、粗铣→精铣或粗铣→磨削（可分粗磨和精磨）等方案。其中刨削生产率低，多用于中小批量生产。铣削生产率比刨削生产率高，多用于中批量以上的生产。当生产批量较大时，可采用组合铣和组合磨的方法来对箱体类零件各平面进行多刃、多面同时铣削或磨削。轴孔加工可用粗镗（扩）→精镗（铰）或粗镗（钻、扩）→半精镗（粗铰）→精镗（铰）方案。对于精度在 IT6，表面粗糙度 Ra 小于 1.25 μm 的高精度轴孔（如主轴孔），还需进行精细镗或珩磨、研磨等光整加工。对于箱体类零件上的孔系加工，当生产批量较大时，可在组合机床上采用多轴、多面、多工位和复合刀具等方法来提高生产率。

生产所用设备依生产批量不同而异，单件、小批量生产一般都在通用机床上进行，除个别必须用专用夹具才能保证质量的工序（如孔系加工）外，一般不用专用夹具，而是尽量使用通用夹具和组合夹具；而大批量箱体的加工则广泛采用组合加工机床，如多轴龙门铣床、组合磨床等，各主要孔的加工则采用多工位组合机床、专用镗床等，专用夹具用得也很多，所以生产率较高。

箱体类零件的热处理是加工过程中十分重要的工序，需要合理安排。由于箱体类零件的结构复杂，壁厚也不均匀，因此，在铸造时会产生较大的残余应力。为了消除残余应力，减少加工后的变形和保证精度的稳定，在毛坯零件铸造以后必须安排人工时效处理。铸铁类零件人工时效的工艺规范为加热到 500 ～ 550 ℃，保温 4 ～ 6 h，冷却速度小于或等于 30 ℃/h，出炉温度小于或等于 200 ℃。

箱体类零件的典型加工路线为平面加工→孔系加工→次要面（紧固孔等）加工。箱体平面的精加工，单件、小批量生产时，除一些高精度的箱体仍需要采用手工刮研外，一般多以精刨代替手工刮研。当生产批量大且精度又较高时，多采用磨削。

六、典型箱体类零件的加工工艺分析

（一）主轴箱的加工工艺过程分析

1. 粗基准的选择

在箱体加工中，虽然一般都选择重要孔（如主轴孔）为粗基准，但生产类型不同，实现以主轴孔为粗基准的工件装夹方式是不同的。在选择时，要满足以下要求。

在保证各加工面均有余量的前提下，应使重要孔的加工余量均匀，孔壁的薄厚量均匀，其余部位均有适当的壁厚。

保证装入箱体内的旋转体零件(齿轮、轴套等)与箱体内壁间有足够的间隙，以免互相干涉。

在大批量生产时，毛坯精度较高，通常选用箱体重要孔的毛坯孔作为粗基准。对于精度较低的毛坯，按上述办法选择粗基准，往往会造成箱体外形偏斜，甚至局部加工余量不够。因此，在单件、小批量及中批量生产时，一般毛坯精度较低，通常采用划线找正的办法进行第一道工序的加工。

2. 精基准的选择

箱体加工精基准的选择也与生产批量大小有关。

在单件、小批量生产中，用装配基准作为定位基准。这样可以消除主轴孔加工时的基准不重合误差，并且定位稳定可靠，装夹误差较小；加工各孔时，由于箱口朝上，所以更换导向套、安装调整刀具、测量孔径尺寸和观察加工情况等都很方便。然而，这种定位方式也有不足之处。在加工箱体中间壁上的孔时，要提高刀具系统的刚度，应当在箱体内部相应的部位设置刀杆的支承及导向支承。由于箱体底部是封闭的，中间支承只能采用吊架，从箱体顶面的开口处深入箱体内，每加工一件需装卸一次。吊架与镗模之间虽有定位销定位，但吊架刚性差、制造安装精度较低，经常装卸容易产生误差，并且使得加工的辅助时间增加。因此，这种定位方式只适用于单件、小批量生产。

在大批量生产中，车床主轴箱以底面和两定位销孔为精基准，如图3-7所示。采用这种定位方式，加工时箱体口朝下，中间导向支承架可以紧固在夹具体上（固定支架），提高了夹具刚度，有利于保证各支承孔加工的相互位置精度，而且工件装卸方便，减少了辅助工时，提高了生产效率。

这种定位方式也有不足之处。由于主轴箱顶面不是设计基准面，故定位基准面与设计基准面不重合，出现基准不重合误差，使得定位误差增加。为了克服这一缺点，应进行尺寸换算。另外，由于箱体口朝下，加工中不便于观察各表面加工的情况，不能及时判断毛坯是否有砂眼、气孔等缺陷，而且加工中不便于测量和调刀。所以，用箱体底面及两定位销孔作为精准面加工时，必须采用定径刀具、扩孔钻和铰刀等。

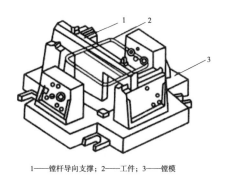

1——镗杆导向支撑；2——工件；3——镗模

图3-7　以底面定位镗模示意图

（二）主轴箱体的加工工艺过程

箱体类零件的结构复杂，加工部位多，依其生产批量大小和各厂实际条件，其加工方法是不同的。接下来我们分别看一下某车床主轴箱小批量生产的机械加工工艺过程（见表3-4）和某车床主轴箱大批量生产的机械加工工艺过程（表3-5）。

表3-4　某车床主轴箱小批量生产的机械加工工艺过程

序号	工序内容	定位基准
1	铸造	—
2	时效	—
3	漆底漆	—
4	划线：考虑主轴孔有加工余量，并尽量均匀。划C、A及E、D面加工线	—
5	粗、精加工顶面A	按线找正
6	粗、精加工B、C面及刨面D	顶面A并校正主轴线
7	粗、精加工两端面E、F	B、C面
8	粗、半精加工各纵向孔	B、C面
9	精加工各纵向孔	B、C面
10	粗、精加工横向孔	B、C面
11	加工螺孔及各次要孔	—
12	清洗、去毛刺	—
13	检验	—

表3-5　某车床主轴箱大批量生产过程

序号	工序内容	定位基准
1	铸造	—
2	时效	—
3	漆底漆	—
4	铣顶面A	Ⅰ孔与Ⅱ孔

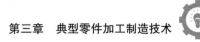

续表

序号	工序内容	定位基准
5	钻、扩、铰 2-φ8H7 工艺孔（将 6-M10 先钻至 φ7.8，铰 2-φ8H7 ）	顶面 A 及外形
6	铣两端面 E/F 及前面 D	顶面 A 及两工艺孔
7	铣导轨面 B、C	顶面 A 及两工艺孔
8	磨顶面 A	导轨面 B、C
9	粗镗各纵向孔	顶面 A 及两工艺孔
10	精镗各纵向孔	顶面 A 及两工艺孔
11	精镗主轴孔 I	顶面 A 及两工艺孔
12	加工横向孔及各面上的次要孔	—
13	磨 B、C 导轨面及前面 D	顶面 A 及两工艺孔
14	将 2-φ8H7 及 4-φ7.8 均扩钻至 φ8，钻 6-M10	—
15	清洗，去毛刺	—
16	检验	—

第四章　精密与特种加工方法

第一节　精密加工方法

一、精密切削加工

（一）精密切削加工分类

按照加工刀具和加工表面的特点，精密切削加工可以分为以下几类，如表4-1所示。

表4-1　精密与超精密切削方法

切削加工	切削工具	精度 / μm	表面粗糙度 Ra / μm	被加工材料
精密／超精密车削、精密／超精密铣削、精密／超精密镗削	天然单晶金刚石刀具、人造聚晶金刚石刀具、CBN刀具、陶瓷刀具、硬质合金刀具	0.1～1	0.008～0.05	金刚石刀具、有色金属及其合金等软金属材料、其他材料刀具
微孔加工	硬质合金钻头、高速钢钻头	10～20	0.2	—

对金刚石车削的研究是精密切削探索的开端。使用天然单晶金刚石车刀切削加工软金属（铝、铜等）和它们的合金，会获得非常高的加工精度和较低的表面粗糙度，同时能进一步推动金刚石精密车削加工方式的出现及应用。随后，

金刚石精密铣削和镗削加工方式也被人们研究出来并投入使用，它们在加工平面、型面和内孔时起到比较好的作用，能够得到高加工精度和低表面粗糙度的零件。如今对软金属材料进行加工时主要用金刚石刀具进行精密切削加工，而在进行黑色金属的精密加工时，通常采用新型超硬材料的刀具进行切削加工，如复合陶瓷、立方氮化硼和复合氮化硅等。

（二）精密切削加工应用

1. 磁盘基片的精密切削加工

磁盘存储器是计算机的主要外部设备之一。现代社会计算机技术不断发展，磁盘存储器的性能也随之提高，如磁盘存储器的单位面积的存储密度每两年就有 1.5 倍的提升，而存储密度的提升导致磁头在磁盘上的浮动高度迅速降低。想要确保磁盘的浮动高度，需要保证磁盘表面存在较高的精度（表面粗糙度、径向的平直性、轴向振摆等）。例如，当浮动高度是 0.3 μm 时，磁盘的粗糙度 Ra 需要小于 0.015 μm。因此，磁盘基片的高精度加工在磁盘存储器的研发中具有重要的地位。

可以满足磁盘高精度要求的加工方法有研磨、抛光及超精密车削。过去多用研磨、抛光的方法加工磁盘，近几年由于基极材料多用铝、铜系的软金属，金刚石刀具超精密切削加工技术也在不断进步，目前几乎均采用金刚石刀具超精密切削磁盘基片。近期所使用的铝材纯度越来越高，已由过去含铝 99% 的铝合金发展到目前的 99.9% ～ 99.99% 的高纯度铝，这更加突出了金刚石刀具切削的重要性。

2. 可切削加工陶瓷材料的精密切削加工

近年来，陶瓷材料的精密切削加工技术获得了迅速发展，并且在军工、机械、冶金、核能等方面取得了十分显著的成就。

（1）可切削加工陶瓷材料特点。可切削加工陶瓷指的是在一般温度下就能够使用之前的加工机械或者刀具加工到要求的精度和表面粗糙度的陶瓷。可切削加工陶瓷按照材料成分的不同分为可加工玻璃陶瓷、可加工氧化物陶瓷和可加工非氧化物陶瓷三大类。这些可切削加工陶瓷材料在加工时具有两个基本的特点：①可切削加工陶瓷材料脆，被加工表面容易产生微裂纹或发生解理，不易得到完整的微观表面质量；②可切削加工陶瓷材料基质晶粒硬度高，切削加工刀具的磨损严重。

（2）可切削加工陶瓷材料的精密切削加工。我们来看一下可切削加工陶瓷材料的部分切削加工实验研究结果（图 4-1、图 4-2、图 4-3）。在正常切削情况下，切削氧化物陶瓷时刀具磨损比切削非氧化物陶瓷时大，即刀具寿命短。

从图 4-2 可以看出，湿切时刀具磨损远比干切时大，且干切时后面的磨损值几乎与切削温度无关。因为切削温度不是影响刀具后面磨损的直接原因，磨料磨损才是。切削非氧化物陶瓷时刀具磨损主要是边界磨损和后面磨损。车削 Si_3N_4、SiC 陶瓷时，各切削分力之间的关系为 $F_y > F_z > F_x$（图 4-3）。

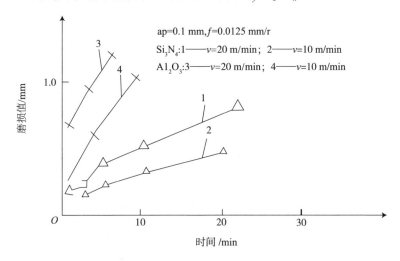

图 4-1　金刚石刀具车削 Al_2O_3、Si_3N_4 时的磨损曲线

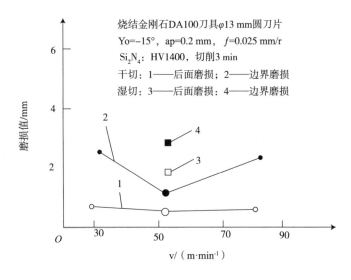

图 4-2　切削速度与刀具磨损的关系

干切: 1——F_y; 2——F_z; 3——F_x
湿切: 4——F_y; 5——F_z; 6——F_x

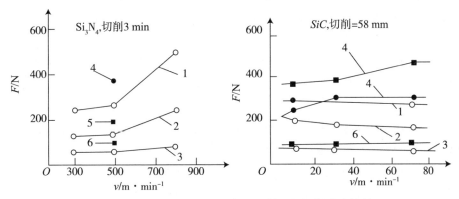

图 4-3 车削 Si₃N₄、SiC 陶瓷时切削力与切削速度的关系

（三）精密切削加工机床

1.精密主轴部件

精密主轴部件是精密和超精密机床的主要部件之一，其性能关系到精密和超精密加工质量的好坏。主轴的回转精度要求特别高，而且要转动稳定，没有震动，它主要采用的是精密轴承。传统的精密主轴使用的是超精密的滚动轴承，因其制造工艺较难，主轴精度比较稳定，难以有大的突破，因此在超精密机床中较少应用。当前，空气静压轴承和液体静压轴承在超精密机床的主轴中应用较多。

2.床身和精密导轨部件

精密机床的基本部件包含床身和导轨，它们的材料性能会对精密机床的加工质量产生重要影响。床身和导轨材料必须具有尺寸平稳、能够忍受磨损、不会出现严重的热膨胀、振动的抵抗性很强、加工的工艺很强等特征。现在精密机床在选用床身和导轨材料时，一般选用优质耐磨铁、花岗岩和人造花岗岩等。

导轨通常分为液体静压导轨、空气静压导轨、气浮导轨和滚动导轨四种。因为导轨运动速度不是很快，液体静压导轨温度的提升不是十分明显，而且其刚度高，承载能力较强，直线运动精度较高且稳定，通常不会出现爬行现象，所以如今很多超精密机床都采用液体静压导轨。气浮导轨和空气静压导轨具有高直线运动精度、运动平稳、无爬行、摩擦系数基本为零、不发热等特点，因此在精密机床中得到十分广泛的应用。

3.进给驱动系统

成型运动的精度将直接影响工件的加工精度。成型运动主要由主运动和进给运动组成。进给系统的精度将直接影响进给运动的精度，所以精密机床需要有较高的进给驱动精度。

（1）精密数控系统。精密和超精密机床需要利用道具相对工件做纵向和横向运动，所以在两个方向设置精密数控系统是必不可少的，其目的就是完成对各个曲面的精密加工。

（2）滚珠丝杠副驱动。通常情况下，数控系统都是使用伺服电机经由滚珠丝杠副驱动机床的滑板或工作台进行工作的。

（3）液体静压和空气静压丝杠副驱动。液体静压丝杠副和空气静压丝杠副具有十分相似的结构，不同的是液体静压丝杠副用压力油作为动力源，而空气静压丝杠副用压缩空气作为动力源。空气静压丝杠副的进给运动十分稳定，但也存在刚度稍低的缺陷，因此在进行正反运动变化时会出现微小的空行程。液体静压丝杠副使用效果好，然而其具有制造困难的缺点，所以目前并不多见。空气静压丝杠副和液体静压丝杠副比滚珠丝杠副的进给运动更加稳定。

（4）摩擦驱动。为了继续提升导轨的稳定性精度，现在一部分超精密机床的进给驱动改为摩擦驱动，实际加工的结果也证明，摩擦驱动的使用性能良好，因此一些大规模的超精密机床的进给驱动也逐渐改为摩擦驱动。

（5）微量进给装置。想要进行精密和超精密加工，加工机床上需要安装微量进给装置。使用微量进给装置，能够向精密和超精密机床供给微进给量，使机床的分辨率提高，且能够对加工误差进行在线补偿，提高加工的形状精度。把非轴对称特殊曲线的坐标输入控制微量给进装置进给量的计算机中，能够加工非轴对称特殊曲面，可以进行超薄切割。现在高精度微量进给装置的分辨率已经达到了 $0.001 \sim 0.01 \ \mu m$。

二、精密磨削加工

（一）精密磨削加工分类

精密磨削加工使用细粒压的微粉或磨粒对黑色金属、硬脆材料等进行加工，得到较高的加工精度和较小的表面粗糙度，它是使用微小的多刃刀具削除细微切屑的一种加工方法，通常指砂轮磨削和砂带磨削。精密磨削和超精密磨削在20世纪60年代有了飞速发展，磨削加工分类如图4-4所示。

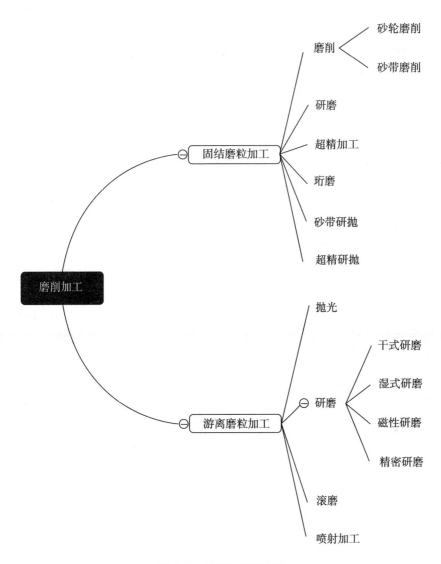

图 4-4 磨削加工的分类

（二）精密磨削加工机床

精密机床是保证精密加工的主要条件，加工精度提高的需要和精密加工技术的进步导致机床精度要求持续上升，促进精密机床和超精密机床不断发展。精密磨削加工需要在固定的精密磨床上进行，可以使用 MG 系列的磨床或经过修改的普通磨床，使用的磨床需要满足以下条件。

1．高几何精度

精密磨床需要具有较高的几何精度，重点是砂轮主轴的回转精度和导轨的直线度，以此确保工件的几何形状精度。主轴承能够使用空气静压轴承、液体静压轴承、整体式多油楔轴承及动静压组合轴承等。

2．少振动

精密磨削时如果出现振动，将会严重影响加工质量。精密磨床的结构设计中要包括降低机床振动的设计。例如，对电动机的转子和砂轮进行动平衡检验并保证其拥有抵抗振动的能力，精密磨床安装在防振地基上等。

3．高刚度

超精密磨削时切削力不是太大，然而精度上有较高的要求，应该尽可能降低弹性让刀量，提高磨削系统刚度。

4．少热变形

精密磨削中热变形导致的加工误差占总误差的 1/2，因此为了提高精密磨削加工的精度，热变形就成了首先需要解决的问题。机床上的热源分为内部热源和外部热源两部分，机床热变形影响内部热源，而机床的使用情况将影响外部热源。精密磨削通常在 20±0.5 ℃恒温室内进行，这时可以在磨削区充注数量巨大的冷却液以去除外部热源的作用。机床的热变形是十分复杂的，热源带来的热量，一部分消散在空间范围内，另一部分被冷却液吸收，热量的产生和消散逐渐达到平衡，热变形也越来越稳定。磨床开始工作后需要 3～4 h 才能达到平衡，通常需要在机床的热变形稳定后再进行精密磨削。

5．低速进给运动

砂轮的修整导程速度是 10～15 mm/min。也就是说，工作台需要低速进给运动，并且无爬行、无冲击现象，稳定工作。因此，机床工作台运动的液压系统要采取特殊的设计，节流阀要低流量，空气要排干净，工作台导轨要润滑，确保工作台能够速度较低地平稳运行。横向进给也要保持稳定和精确的运动，应建立具有较高精度的横向进给系统，确保工件的尺寸精度。

6．微量进给装置

微量进给装置是为了进行微量切除而安装的装置，通常横向进给（切身）的方向都安装微量进给装置。

第二节 电化学加工方法

一、电化学加工的工艺类型和特点

（一）电化学加工的工艺类型

电化学加工主要包括以下几种工艺类型，如表4-2所示。

表4-2 电化学加工的工艺类型

序号	工艺类型	加工原理及作用
1	电解加工	电化学阳极溶解，从工件中去除材料
2	电铸成型	电化学阴极沉积，向芯模沉积堆堵成型
3	电刷镀	电化学阴极沉积，向工件表面沉积材料
4	电解磨削	电解与机械磨削复合作用，从工件中去除材料或表面光整加工
5	超声电解	电解与超声加工复合作用，改善电解加工精度和表面质量
6	电解－电火花复合加工	电解液中去除与放电腐蚀的复合作用，追求高效高精度的加工目标

（二）电化学加工的特点

（1）加工范围广，可以加工各种难切削金属材料，如淬火钢、不锈钢、高温耐热合金、硬质合金，不受材料强度、硬度和韧性的限制。

（2）加工效率高，对于难切削金属材料、复杂的型腔、型面深小孔加工，比一般机械切削加工效率高 5 ～ 10 倍。

（3）加工表面质量好，由于材料去除以离子状态电化学溶解，属冷态加工过程，因此，加工表面不会产生冷作硬化层、热再铸层以及由此而产生的残余应力和微裂纹等表面缺陷。若电解液成分和工艺参数选择得当，加工表面粗糙度可以达到 0.8 ～ 1.25 μm。

（4）工具无损耗，作为阴极的工具，在电化学加工过程中，始终与作为阳极的工件保持一定的间隙，不会产生溶解（阴极一边只有氢气析出）；如果加工过程正常，即与阳极不产生火花、短路烧蚀，工具不会产生任何损耗，其几何形状、尺寸保持不变，可以长期使用。这是电化学加工能够在批量生产条件下保证成型加工精度、降低加工成本的基本原因。

（5）加工过程不会产生机械切削力，工件不会产生残余应力、变形和飞边毛刺，特别适用于薄壁零件、小刚性零件的加工。

电化学加工的上述优点使得它首先在枪炮、航空航天等制造业中得到成功的应用，当然电化学加工也存在下列缺点和不足，它们影响其发展和应用，在选用电化学加工时应特别注意。

（1）加工精度不够高。一般电化学加工还难以达到高精度，三维型腔、型面的加工精度为 0.2 ～ 0.5 mm，孔类加工精度为 0.02 ～ 0.05 mm，没有电火花加工精度高，尤其是加工过程不如电火花加工稳定。这是因为影响电化学加工精度的因素多且复杂，理论上定量掌握其影响规律并进行控制还比较困难，往往需要经过大量工艺试验研究才能解决。

（2）设备一次投资大。由于设备组成复杂，除一般机床设备的要求外，还要解决电解液输送、防泄漏、抗腐蚀、导电、绝缘等一系列问题，材料特殊，制造工作量大，造价高。国产的从十余万元一台（小型）到几十万元一台（大型）不等，而进口一台设备则需人民币几百万元（中型）到千余万元（大型高自动化程度）。

（3）处理不当会对周围环境造成污染。在某些条件下，加工过程中会产生少量有害的气体。因此，必须严格控制排放方式和排放量。

二、电解加工

电解加工是利用金属在电解液中产生的阳极溶解现象去除多余材料，将工件加工成型的一种方法。

（一）电解加工的基本原理

电解加工的基本原理如图 4-5 所示，将被加工工件作为阳极与直流电源正极连接，与加工制件形状相同的工具电极作为阴极与电源负极连接，并且两者之间保持 0.1 ～ 0.8 mm 的间隙。当在两极之间加 6 ～ 24 V 直流电压时，电解液以 5 ～ 60 m/s 的速度从两极的间隙中冲过，在两极和电解液之间形成导电通路。这样，工件表面的金属材料在电解液中不断产生阳极溶解，溶解物又被流动的电解液及时冲走。工具电极恒速向工件移动，工件表面就不断产生溶解，最后将工具电极的形状复印到工件上。两极间隙较小处的电流密度大，阳极溶解速度快；反之，两极距离较远处电流密度小，阳极溶解速度慢。因此，工具电极型面向工件恒速进给时，工件表面经过非均匀溶解过程，直到两极工作表面完全吻合后，以均匀溶解速度向深度发展。

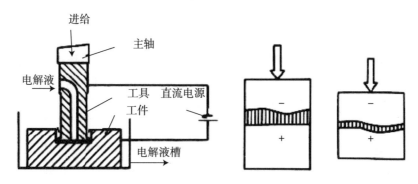

图 4-5　电解加工的基本原理图

（二）电解加工工艺

1. 型孔加工

一般采用端面进给方式。为了避免孔壁产生锥度，可将电极侧面绝缘。常用的绝缘办法是利用环氧树脂粘接。绝缘层的厚度：工作部分取 $0.15 \sim 0.2$ mm，非工作部分取 $0.3 \sim 0.5$ mm。

2. 型腔加工

由于电解加工的精度较低，但生产率高，因此，可加工一些精度要求不是很高的型腔类零件。

3. 型面加工

型面的电解加工主要适合于叶片一类的外表成型件。

4. 去毛刺和倒圆

当两极间有电流通过时，在电极尖角处电流密度最大，只要将工具阴极靠近毛刺或毛刺的根部，就很容易去除毛刺获得一定半径的光滑圆角。去毛刺时，工具电极和工件的关系一般是相对静止的。

5. 充气电解加工

充气电解加工又称混气电解加工，是将一定压力的气体（二氧化碳、氮气或压缩空气）与电解液混在一起形成气液混合物进入加工区进行加工的方法。由于气体不导电，所以混入电解液后，会增大电阻率。充气电解加工还能使电解液的流速增大，能有效地把黏附在电极表面的惰性离子驱散，冷空气还能起到降温的作用。充气电解加工的缺点是金属去除速度比不充气时低 1/3 ～ 1/2，另外，还需配置足够压力的气源、管道和良好的抽风设备。

6.电解抛光

电解抛光利用金属在电解液中的电化学阳极溶解对工件表面进行腐蚀抛光，是一种表面光整加工方法。电解抛光与电解加工的区别是工件和工具的加工间隙大，电流密度小，电解液一般不流动，必要时需加以搅拌。因此，电解抛光只需要直流电源、各种清洗槽和电解抛光槽。

7.电解刻字

利用电解刻字可在一些常规机械刻字不能进行的工件表面上刻字。电解刻字时，字头接阴极，工件接阳极，两极间保持 0.1 mm 的电解间隙，中间滴入少量的钝化型电解液，一般 1 ～ 2 s 即能完成工件表面刻字。利用同样原理，改变电解液成分并延长放电时间，就可在工件表面刻印花纹或制成压花轧辊。

（三）电解加工的应用

电解加工在 20 世纪 60 年代开始用于军工生产，20 世纪 70 年代扩大到民用生产。航空航天、兵器工业是电解加工的重点应用领域，电解加工主要用于加工难加工金属材料零件，如高温合金钢、不锈钢、钛合金、模具钢、硬质合金等的三维型面、型腔、型孔、深孔、小孔、薄壁零件。

我国主要将电解加工应用在航空航天工业、兵器工业、核工业和汽车工业中。在航天工业中，加工整体涡轮转子类零件、叶片、异型孔、衰减管群孔、各种材料中小异型零件；在航空工业中，加工高温合金、不锈钢、钛合金叶片、整体涡轮转子、机匣、涡轮盘、各种型孔；在兵器工业中，加工膛线花键、模具、长孔；在核工业中，加工地面导风轮；在汽车工业中，为连杆、摇臂轴承盖、齿轮等锻模喷嘴及多种零件去毛刺。

三、电刷镀

电刷镀是依靠与阳极接触的垫或刷提供电解液，且在被镀的阴极工件上移动，在工件的选定局部快速沉积金属镀层的特殊加工技术。电刷镀主要用于修复工件的尺寸和几何精度、强化工件表面以提高其使用寿命、改善工件表面的理化性能等场合。

（一）电刷镀加工的基本原理

电刷镀时，工具镀笔接加工电源的正极，待镀工件接电源的负极。操作者手持饱含电刷镀液的镀笔，以适当的压力及一定的相对运动在工件表面上刷涂。在镀笔与工件接触的部位，电刷镀液中的金属离子在电场的作用下，扩散到工件表面，并在工件表面（阴极）获得电子，被还原成金属原子沉积结晶，形成镀层。电刷镀加工原理如图 4-6 所示。

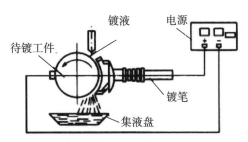

图 4-6 电刷镀加工原理图

（二）电刷镀工艺

电刷镀是电镀工艺的一种特殊形式，其主要功用不限于通常电镀的"防护""装饰"，而是具有鲜明的制造工艺色彩，所以也被列入特种加工技术范畴，而不仅限于表面工程领域。

电刷镀实施过程中，被镀工件与电源负极相连接，但无须置入常规电镀的镀槽内；外包吸水材料层的不溶性阳极镀笔与电源正极相连接，浸吸了刷镀溶液后，以一定的压力与工件表面接触，形成电化学反应回路。金属离子沉积在工件表面，就在该处形成镀层。镀笔在工件待镀表面继续移动，完成全部电刷镀任务。

镀笔透过包套材料与工件表面"接触"，并与选定的工件局部表面做相对运动，镀笔接触压力、移动方向及移动速度均由操作者掌控。电刷镀可以使用比槽镀大得多的高电流密度，这是电刷镀工艺的特殊之处。

1.电刷镀工艺特点

（1）不需要传统电镀必备的镀槽，可以对工件局部表面刷镀，设备简单、操作简便、机动性强，便于现场施工。

（2）可刷镀的金属种类广泛。

（3）镀层与基体金属结合强度较理想，刷镀沉积速度远远高于槽镀，镀层厚度易于控制。

　　由于大多数电刷镀对象受施工部位局限及施工要求繁多的影响，同时电刷镀操作大多只有单件或几件的加工量，故多采用手工操作，生产效率和自动化程度都比较低，这是电刷镀工艺的主要不足之处。但对于部分具有平面、内外回转表面等规则几何要素且生产还具有一定批量的工作，也可以设计专用机床，采用计算机技术对电刷镀运动路径、速度及加工参数进行控制，来提高生产效率。

　　2. 电刷镀工艺过程

　　（1）去除工件表面上的毛刺和疲劳层。对深的划伤和腐蚀坑要进行修整，露出基体金属层，但要注意保护非镀表面。

　　（2）清洗除油。锈蚀严重的可用喷砂、砂布打磨；油污用汽油、丙酮或水基清洗剂清洗。

　　（3）电净处理。大多数金属都要用电净液对工件表面进行电净处理，以进一步去除微观上的油污。被镀工件表面的附近部位也要认真清洗。

　　（4）活化处理。目的是去除被镀工件表面的氧化膜、钝化膜或析出的碳元素微粒黑膜。活化时间需 30 s 左右，活化处理良好便会在工件表面呈现均匀银灰色，且无花斑。然后，用水将活化后的工件表面冲洗干净。

　　（5）镀底层。为了提高工作镀层与基体金属的结合强度，工件表面经仔细电净、活化后，需要用特殊镍、碱铜或低氢脆镉镀液预镀一层底层，厚度为 0.001 ～ 0.002 mm。

　　（6）镀尺寸镀层和工作镀层。金属的单一镀层随厚度的增加内应力增大，结晶变粗，强度降低，过厚将产生裂纹或自然脱落。一般单一镀层的厚度不超过 0.03 mm，快速镍和高速铜镀层的厚度不超过 0.3 ～ 0.5 mm。如果待镀工件的磨损量较大，应先涂镀尺寸镀层以增加尺寸，甚至用不同镀层交替叠加，最后才可涂镀满足工件表面要求的工作镀层。

　　（7）工序间的漂洗和镀后清洗。所有工序之间和沉积完成以后，都必须对工件表面进行彻底的漂洗。漂洗的作用是进一步及时去除工件表面的污垢杂质及残留溶液，以保证和提高镀层质量。当镀层较厚时，完成尺寸镀层或工作镀层之后的工件温度较高，必须用温水（高于 50 ℃）漂洗，以防镀层收缩产生裂纹或脱落。镀后清洗结束后，务必用自来水彻底清洗冲刷已镀表面和邻近部位，并用吹风机或压力较低的压缩空气吹干，同时涂上防锈油或防锈液。

（三）电刷镀的应用

　　电刷镀技术的主要应用如下。

（1）修复磨损工件的尺寸精度和几何形状精度，补救加工超差制品。

（2）填补工件表面的划伤、沟槽、压坑，斑蚀等缺陷。

（3）改善工件表面性能。比如，强化工件表面使其具有较高的力学性能，提高表面导电性、导磁性，提高工件的耐高温性能，改善工件表面的钎焊性，减小工件表面的摩擦因数，提高工件表面的防腐性等。

（4）精饰工件。由于电刷镀新镀种材料的不断出现，电刷镀工艺将不仅用于维修，还会延伸到材料工程、制造工程，甚至是微电子工程中去，可以预见，简易获得优质材料的全新工艺将更加完善。比如，采用复合电刷镀，可在工件表面获得复合材料（复合镀层）。这种复合镀层具有硬度较高、耐磨、耐蚀、自润滑等多种优异性能，是单一金属与普通合金镀层所无法比拟的。

每一种表面技术都具有自身的优点与缺点，单一表面技术往往不能满足实际工程的需要，这就促成了复合表面技术，该技术能够扬长避短、以长克短。比如，电刷镀与离子氮化处理相结合的复合表面处理技术，使工件的承载能力比单纯电刷镀或者单纯离子氮化的工件承载能力高出数倍。

此外，目前已经获得应用的复合（或组合）电刷镀技术还有电刷镀＋热喷涂、电刷镀＋浸镀、电刷镀＋电化学抛光、电刷镀＋激光处理等。

综上所述，电刷镀工艺是适应生产需求而发展的一项技术，由于具有众多优点，其已成为机械零件修复和强化的重要工艺手段。

电刷镀工艺的全自动控制是其理想的发展方向，即能够适时检测电刷镀液中金属离子的含量及刷镀表面具体反应状况，自动调整金属离子的还原速度和晶粒的成长过程，控制镀层的质量、沉积速度及厚度的变化。研发这样的计算机自动控制系统，使计算机辅助电刷镀工艺既具有同目前手工操作那样的灵活性，又可克服人工操作所带来的盲目性和随意性，使镀层质量更加可靠，镀层性能更高。电刷镀技术将以应用促进新的进展，得到更广泛的应用。

四、电铸及电解磨削

（一）电铸

1.电铸成型加工原理

电铸也是一种电化学制造工艺，不过，与基于阳极溶解原理去除材料而使工件成型的电解加工不同，它通过阴极沉积的方法制造工件。电铸包括两种基本形式：第一种是在原模（也有人称之为芯模、铸模）上电化学沉积金属，然后将金属沉积层与原模分离，从而得到复制的工件；第二种是直接电铸成型工件整体。

电铸和电镀的基本原理一样，但有两个显著区别：其一，电镀主要是对基体材料加以功能防护或装饰美化，电铸的主要目的则是获得与原模型面形状"相反"的金属制品；其二，电镀层要求与基体材料结合牢固、紧密、难以分离，但电铸层一般最终需要与基体（原模）分离，独立作为零件使用。

图4-7为电铸成型加工原理图，以可导电的原模作为阴极，以待电铸金属材料作为阳极，以待电铸金属材料的盐溶液作为电铸液，均置于电铸槽内，由外接电源提供能源，组成电化学反应体系。阴极接至电源负极，阳极接至电源正极，当导电回路接通后，发生电化学反应。阳极上的金属原子失去电子成为离子，进入电铸液，继而移动到阴极原模上，获得电子成为金属原子，沉积在原模沉积作用面。阳极金属源源不断溶解为离子，补充进入电铸液，槽中的电铸液质量分数大致保持不变。原模上的金属沉积层逐渐增厚，达到预定厚度时，随即切断电源，将原模从电铸液中取出，再将沉积层与原模分离，就得到与原模沉积作用面吻合但凹凸形状相反的电铸件制品。

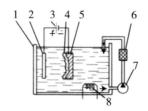

1—电铸槽；2—阳极；3—电源；4—沉积层（电铸制品）；5—原模；

6—过滤器；7—供液泵；8—加热装置

图4-7　电铸成型加工原理图

2.电铸的特点

（1）具有超高精度的复制能力，能够准确、精密地复制复杂型面和细微纹路，这是其他加工工艺难以比拟的。

（2）能够获得尺寸精度非常高、表面粗糙度 $Ra \leq 0.1\ \mu m$ 的复制品，由同一原模生产的电铸制品一致性好。

（3）借助石膏、蜡、环氧树脂等材料，可以方便快捷地把复杂零件的内外表面复制变换成对应的"反"型面，便于实施电铸工艺，并大大拓展了电铸工艺的适用范围。

（4）容易得到由不同材料组成的多层、镶嵌、中空等型结构的制品。

（5）能够在一定范围内调节沉积金属的物理性质。可以通过改变电铸条件、电铸液组分的方法，调节沉积金属的硬度、韧性和拉伸强度等；可以采用多层电铸、合金电铸、复合电铸等特殊方法，使成型的工件具有其他工艺方法难以获得的理化性质。

（6）可以用电铸方法连接某些难以焊接的特殊材料。目前，电铸工艺存在的不足之处是电铸速度低、成型时间长。此外，如果参数控制不及时，某些金属电铸层的内应力就有可能使制品在电铸过程中或者在与原模分离时变形、破损，甚至根本无法脱模。对于形状、尺寸各异的电铸对象，如何恰当处理电场、合理安排流场，从而得到厚度比较均匀的理想沉积层，需要具有丰富实践经验和熟练技能的操作人员具体分析处理、操作，有一定难度。

原则上，凡是能够电镀的金属都可以用以电铸，但是综合制品性能、制造成本、工艺实施全面考虑，目前只有铜、镍、铁、金、镍钴合金等少数几种金属具有电铸实用价值，其中工业应用又以铜、镍电铸为主。

3. 电铸的工艺流程

电铸的工艺流程：原模设计→表面处理→金属原模钝化处理（非金属原模导电化处理）→电铸→衬背→脱模→清洗干燥→成品。

（1）原模设计及材料选用。根据脱模条件、产品复杂程度、要求精度以及生产量等确定设计一次性原模或耐久性原模。耐久性原模常用材料有碳素钢、不锈钢镍、黄铜、玻璃、环氧树脂或热固性塑料等。消耗性或一次性原模通常采用铝、石蜡、石膏及低熔点合金等，主要是利于加热后可溶分解或利用化学方法可进行分解。选用原模材料时应考虑材料的热稳定性，比如，热膨胀系数大的原模，在热电铸液中得到的产品精度较差。

原模设计时应注意内外棱角应取尽可能大的过渡圆角，以免电镀层内棱角处太薄而外棱角处过厚。原模应比电铸零件长 8 ~ 12 mm，以便脱模后切去交接面粗糙部分。

对于耐久性原模，脱模斜度不应小于 $1°$ ~ $3°$ 。若产品不允许有斜度，可选用与电铸金属热膨胀系数相差较大的材料制作原模，以便电铸后用加热或冷却的方法脱模。零件精度要求不高时，可在原模上涂覆或浸入一层蜡或易熔合金，在电铸后将涂层熔去脱模。

（2）原模的表面处理。预处理的目的是使原模能够电铸，并且电铸后能够顺利脱模。因此，首先进行清洗，除去表面的脏物和油污。对于金属原模电铸前需要进行表面钝化处理，形成不太牢固的钝化膜，便于电铸后脱模。非金属原模需要进行导电化处理，否则无法电镀、电铸。导电化处理通常在原模表面均匀地涂覆一层掺入胶黏剂的导电液，或利用真空镀或化学镀方法加镀一层薄金属膜。

（3）电铸溶液。常用的电铸金属有铜、镍和铁。通常要求电铸溶液沉积速度快、成分简单且易于控制。另外，对溶液的净化处理要求高且应易于获得均匀的电铸层。

（4）衬背。有些电铸件成型之后需要用其他材料衬背加固，如塑料模具型腔和印刷版等，然后再进行精加工。衬背的方法有浇注铝或铅锡合金以及热固性塑料等，对于结构零件可以在外表面包覆树脂进行加固。

（5）脱模。脱模方法因原材料不同而异，通常有敲击、加热或冷却、剥离等方法。如果对电铸件进行机械加工，就应在脱模之前进行，一方面原模可以加固电铸件以免变形，另一方面机械加工能促使电铸件与原模松动，便于脱模。

（二）电解磨削

1. 电解磨削的基本原理

电解磨削是电解作用与机械磨削相结合的一种特种加工方法，是 20 世纪 50 年代初美国人研究发明的。工件作为阳极与直流电源的正极相连，导电磨轮作为阴极与直流电源的负极相连。磨削时，两者之间保持一定的磨削压力，凸出磨轮表面的非导电性磨料使工件表面与磨轮导电基体之间形成一定的电解间隙（一般为 0.02 ~ 0.05 mm），同时向间隙供给电解液。在直流电的作用下，工件表面金属由于电解作用生成离子化合物和阳极膜。这些电解产物不断地被旋转的磨轮刮除，使新的金属表面露出，继续产生电解作用，工件材料不断地被去除，从而达到磨削的目的。电解液一般采用硝酸钠、亚硝酸钠和硝酸钾等混合的水溶液，不同的工件材料所用电解液的成分也不同。导电磨轮由导电性基体（结合剂）与磨料结合而成，主要为金属结合剂金刚石磨轮、电镀金刚石磨轮、铜基树脂结合剂磨轮、陶瓷渗银磨轮和碳素结合剂磨轮等，按不同用途选用。

电解磨削适合磨削各种高强度、高硬度、热敏性、脆性等难磨削的金属材料，如硬质合金、高速钢、钛合金、不锈钢、镍基合金和磁钢等。用电解磨削可磨削各种硬质合金刀具、塞规、轧辊、耐磨衬套、模具平面和不锈钢注射针头等。电解磨削的效率一般高于机械磨削，磨轮损耗较低，加工表面不产生磨削烧伤、裂纹、残余应力、加工变质层和毛刺等，表面粗糙度一般为 0.16 ~ 0.63 μm，最高可达 0.02 ~ 0.04 μm。

2.电解磨削加工的特点

（1）可加工高硬度材料。由于它是基于电解和磨削的复合作用去除金属的，因此只要选择合适的电解液就可以用来加工任何高硬度与高韧性的金属材料。

（2）加工效率高。以磨削硬质合金为例，与普通的金刚石砂轮磨削相比，电解磨削的加工效率要高 3 ～ 5 倍。

（3）加工精度与表面质量好。因为砂轮主要用于刮除阳极薄膜，磨削力和磨削热都很小，不会产生磨削毛刺、裂纹、烧伤现象，加工表面粗糙度可小于 0.16 μm。

（4）砂轮损耗量小。以磨削硬质合金为例，普通磨削时，碳化硅砂轮的磨损量为硬质合金切除质量的 4 ～ 6 倍；电解磨削时，砂轮的磨损量不超过硬质合金切除质量的 50% ～ 100%。与普通金刚石砂轮磨削相比，电解磨削的金刚石砂轮的消耗速度仅为它们的 1/10 ～ 1/5。

（5）需要对机床、夹具等采取防腐防锈措施，需要增加通风、排气装置，需要增加直流电源、电解液过滤、循环装置等附属设备。

电解磨削集中了电解加工和机械磨削的优点，因此，在生产中用来磨削一些高硬度的零件，如各种硬质合金刀具、量具、挤压拉丝模具、轧辊等。对于普通磨削很难加工的小孔、深孔、薄壁筒、细长杆零件等，电解磨削也显示出优越性，其应用范围日益扩大。

第三节　电火花加工及线切割加工

一、电火花加工

（一）电火花加工的原理

电火花加工基于电火花熔蚀原理，当工具电极与工件电极相互靠近时，两极间形成脉冲性火花放电，在电火花通道中产生瞬时高温，使金属局部熔化甚至汽化，从而将金属蚀除。电火花加工原理如图 4-8 所示。这一过程大致分为四个阶段。

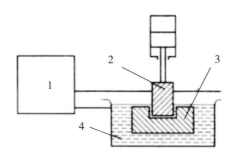

1—脉冲电源；2—工具电极；3—工件；4—工作介质

图 4-8　电火花加工原理

1.工作液电离

工具电极与工件电极缓缓靠近，极间的电场强度增大，由于两电极的微观表面凹凸不平，在两极间距离最近的 A、B 处电场强度最大，如图 4-9 所示。工具电极与工件电极之间充满液体介质，液体介质中不可避免地含有杂质及自由电子，它们在强大的电场作用下，形成了带负电的粒子和带正电的粒子。

（a）电离 （b）放电（c）火花（d）电极（e）消电离
　　　　　　　　　放电　材料抛出

图 4-9　电火花加工机理

2.形成放电通道

在电场的作用下，带负电的粒子高速奔向正极，带正电的粒子高速奔向负极，电场强度越大，带电粒子就越多，形成放电通道，如图 4-9（b）所示。放电通道是由大量高速运动的带正电和带负电的粒子以及中性粒子组成的。由于通道截面很小，通道内因高温热膨胀形成的压力高达几万帕。

3.工作液热分解，电极材料熔化、汽化

高温高压的放电通道急速扩展，通道间带负电的粒子奔向正极，带正电的粒子奔向负极，粒子间相互撞击，产生大量的热能，使通道瞬间达到很高的温度。通道高温首先使工作液汽化，进而通道中的工作液汽化，然后高温向四周扩散，使两电极表面的金属材料开始熔化，直至沸腾汽化。汽化后的工作液和金属蒸气瞬间体积猛增，形成了爆炸的特性。所以在观察电火花加工时，可以看到工件与工具电极间有冒烟现象，并听到轻微的爆炸声，形成了肉眼所能看到的电火花，如图4-9（c）所示。

4.电极材料抛出

爆炸力将熔化和汽化的金属抛入附近的工作液中，仔细观察可以看到橘红色的火花四溅，这就是被抛出的高温金属熔滴和碎屑，如图4-9（d）所示。熔化的金属液中被电离的工作液立即恢复到绝缘状态，如图4-9(e)所示。此后，两极间的电压再次升高，又在另一处绝缘强度最小的地方重复上述放电过程。

实际上，电火花加工过程远比上述过程复杂，它是电力、磁力、热力、流体动力、电化学等综合作用的过程。目前为止，人们对电火花加工过程的了解还很不够，需要进一步研究。

（二）电火花加工机床

数控电火花成型机床的主要组成部分有机床本体、数控系统、工作液过滤和循环系统。机床附件有C轴装置、自动电极交换装置和平动头等。

1.机床本体

数控电火花成型机床本体主要有床身、立柱、工作台、主轴头等。

床身和立柱是电火花加工机床的骨架，是机床的基础部件，用以支承机床的其他工作部件，保证工具电极与工作台和工件之间具有准确的相对位置。主轴头沿立柱导轨做上下运动，主轴本身也有一定的行程，便于调节工具电极与工件之间的相对高度。主轴具有足够的强度和刚性。

工作台是机床的基础（基准）平面，主要用于支承和安装工件，立式电火花加工机床的工作台沿着横向和纵向做直线移动，以便找正工件电极与工具电极之间的相对位置。

主轴头是电火花加工机床的重要部件，工具电极安装在主轴头上，通过主轴头可以控制工具电极的进给速度和位置，以保持在整个加工过程中工具电极与工件之间的间隙准确恒定，确保加工能顺利进行。

2.数控系统

数控系统包括脉冲电源、进给运动控制等电气系统。脉冲电源是把直流或交流电转变成具有一定频率的脉冲电流，提供电火花加工所需的放电能量的设备。

进给运动控制系统主要包括进给伺服系统和参数控制系统。进给伺服系统主要用于控制工具电极的进给速度、位置和放电间隙的大小，参数控制系统主要用于控制电火花加工中的各种参数，如放电电流、脉冲宽度、脉冲间隔等。

电火花加工与切削加工不同，它属于"不接触加工"。正常电火花加工时，工具和工件间有一放电间隙 S。若间隙过大，脉冲电压不能击穿间隙间的绝缘工作液，则不会产生火花放电，必须使工具电极向工件进给，直到间隙 S 等于或小于某一值（一般 S 在 $0.01 \sim 0.1 \, mm$），才能击穿间隙间的绝缘工作液并产生火花放电，不断蚀除工件材料。若间隙过小，甚至等于 0，形成短路，则加工也不能正常进行。

3.工作液过滤和循环系统

作用于电火花加工中的蚀除物，一部分以气态形式抛出，其余大部分以球状固体微粒分散地悬浮在工作液中，直径一般为几微米。随着电火花加工的进行，蚀除物越来越多，充斥在电极和工件之间，或粘连在电极和工件的表面。蚀除物的聚集，会与电极或工件形成二次放电，这就破坏了电火花加工的稳定性，降低了加工速度，影响了加工精度和表面粗糙度。改善电火花加工的条件有两种方法，一种是使电极振动，以加强排屑作用；另一种是对工作液进行强迫循环过滤，以改善间隙状态。

（三）电火花加工的特点

1.电火花加工的优点

（1）脉冲放电的能量密度高，能加工普通切削加工方法难以切削的材料和形状复杂的工件，不受材料硬度、热处理状况的影响。

（2）脉冲放电持续时间极短，放电时产生的热量传导扩散范围小，材料受热影响范围小，不产生毛刺和刀痕沟纹等缺陷。

（3）加工时，工具电极与工件材料不接触，两者之间宏观作用力极小，工具电极材料无须比工件材料硬。

（4）可以改革工件结构，简化加工工艺，延长工件使用寿命，降低工人劳动强度。

（5）直接使用电能加工，便于实现自动化。

2.电火花加工的缺点

（1）加工后表面产生变质层，在某些应用中须进一步去除。

（2）工作液的净化、循环再利用和加工中产生的排放物的处理成本比较高。

（四）电火花加工的应用

由于电火花加工有其独特的优越性，再加上数控水平和工艺技术的不断提高，其应用领域日益扩大，已经覆盖了机械、航天、航空、电子、核能、仪器、轻工业等部门，用于各种难加工材料、复杂形状零件和有特殊要求零件的制造。

1. 高硬度零件加工

模具的表面硬度通常比较高，在热处理后其表面硬度高达 50 HRC 以上，适合采用电火花加工。

2. 型腔尖角部位加工

锻模、塑料模、压铸模、挤压模、橡皮模等各种模具的型腔中的尖角部位，由于切削刀具半径的存在而无法加工到位，使用电火花加工可以完全成型。

3. 模具上的肋加工

在压铸件或者塑料件上，常有各种窄长的加强肋或者散热片，这种肋在模具上表现为下凹的深而窄的槽，用机械加工的方法很难将其加工成型，一般采用电火花加工。

4. 深腔部位加工

受刀具长度和刀具刚性的限制，深腔部位不宜采用机械加工，适合用电火花进行加工。

5. 小孔加工

各种圆形小孔、异型孔和长径比非常大的深孔，适宜采用电火花加工。

6. 表面处理

刻制文字、花纹，对金属表面的渗碳和涂覆特殊材料的电火花强化等。

二、线切割加工

（一）线切割加工的原理

线切割加工是电火花加工的一种，它基于电火花熔蚀原理。线切割加工以移动着的金属细丝为工具电极，接在脉冲电源的负极；工件通过绝缘板安装在工作台上，接在脉冲电源的正极；中间注入绝缘工作液，在电极丝与工件之间产生火花放电；工作台带动工件按要求的形状运动，从而达到加工的目的。

（二）数控线切割机床

数控线切割机床主要由机床本体、脉冲电源、数控系统、工作液循环系统和机床附件等组成。线切割机床通常按电极丝的走丝速度分为快走丝线切割机床（如图4-10所示，其走丝速度一般为8～10 m/min），和慢走丝线切割机床（其走丝速度低于0.2 m/min）。

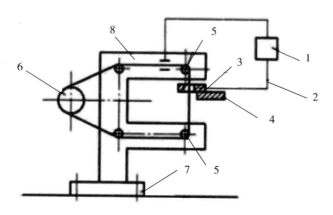

1—脉冲电源；2—电极丝；3—工件；4—工作台；

5—导轮；6—储丝筒；7—床身；8—丝架。

图4-10　快走丝线切割机床

1.机床本体

（1）床身。床身主要用于支承工作台、运丝机构及丝架。

（2）工作台。工作台由十字拖板、滚动导轨、丝杠传动副、齿轮副等机构组成，由步进电动机驱动，主要用于支承和装夹工件。

（3）走丝机构。电极丝均匀地缠绕在储丝筒上，电动机通过弹性联轴器带动储丝筒做正反向交替转动，走丝机构的作用是使电极丝以一定的张力和稳定的速度运动。对于高速走丝机构要保证电极丝进行高速往复运动。

（4）丝架。丝架对电极丝起支承作用，它与走丝机构组成了线切割机床的走丝系统。

2.脉冲电源

数控线切割机床的脉冲电源和电火花加工的脉冲电源相似，都是把普通的交流电转换成高频率的单向脉冲电源。线切割加工属于中、精加工，对工艺指标有较高的要求，因此对脉冲电源有特殊要求：脉冲峰值电流必须适当，不能太大也不能太小，一般在15～35 A变化；脉冲宽度要窄；脉冲重复频率要尽量高，这样有利于减少电极丝的损耗；参数调节方便，适应性强；要输出单向脉冲。

3.数控系统

数控系统的作用是控制电极丝相对于工件的运动轨迹、进给速度和走丝速度，以及机床的辅助动作。目前，高速走丝线切割机床的数控系统大多采用步进电动机开环系统，低速走丝线切割机床的数控系统大多采用伺服电动机加编码盘的半闭环系统，在一些超精密线切割机床上使用伺服电动机加磁尺或光栅的全闭环数控系统。

4.工作液循环及过滤系统

工作液循环及过滤系统的作用是充分、连续地向加工区供给干净的工作液，及时排出电蚀产物并对电极丝和工件进行冷却，保持脉冲放电过程稳定进行。高速走丝线切割机床的工作液一般选用乳化液。工作液的优点：具有一定的绝缘性，对放电区消电离；具有较好的洗涤性能；对电极、工件和废屑能起到冷却作用；对放电产物起润滑和缓蚀作用等。

（三）线切割加工工艺

1.主要工艺指标

数控线切割加工的主要工艺指标有切割速率、加工精度、表面质量等，通过衡量这些工艺指标，对数控线切割加工的效果进行综合评价。

（1）切割速率。切割速率的大小即通常所说的加工快慢。数控快走丝线切割加工的切割速率，一般指在一定的加工条件下，单位时间内工件被切割的面积，单位为 mm^2/min。通常快走丝线切割加工的切割速率为 $40\sim80\ mm^2/min$，切割快慢与加工电流大小有关。数控慢走丝线切割加工的切割速率是单位时间内电极丝沿着轨迹方向进给的距离，也可称线速度，单位为 mm/s。

（2）加工精度。加工精度包括工件的尺寸精度、几何精度。快走丝线切割机床的加工精度应控制在 $0.01\sim0.02\ mm$。加工精度是一项综合指标，切割轨迹的控制误差、机械传动误差、工件的装夹定位误差及脉冲电源参数的波动、电极丝的直径误差、损耗及抖动、冷却液脏污程度的变化、加工者的熟练程度等对加工精度都有不同程度的影响。

（3）表面质量。线切割加工工件的表面质量包括表面粗糙度和表面变质层。快走丝线切割的表面粗糙度 Ra 一般为 $2.5\sim5\ \mu m$，慢走丝线切割的表面粗糙度 Ra 可达 $1.25\ \mu m$。表面变质层是线切割加工时材料表面因放电产生高温熔化，然后又急剧冷却产生的，它与工件材料、电极丝材料、脉冲电源和工作液等有关。

2.电参数对工艺指标的影响

电火花线切割加工的电参数包括脉冲峰值电流 I、脉冲宽度 W 和脉冲间隙等。

（1）脉冲峰值电流。在其他参数不变的情况下，脉冲峰值电流的增大会增加单个脉冲放电的能量，加工电流也会随之增大，线切割速度会明显提高，工件放电痕迹也会增加，表面质量变差，电极丝损耗增加，加工精度下降。一般在进行粗加工和较厚工件加工时，选用较大脉冲峰值电流。

（2）脉冲宽度。在加工电流保持不变的情况下，增大脉冲宽度，线切割速度变快，电极丝损耗也加快。线切割加工的脉冲宽度一般不大于 $50\,\mu s$。

（3）脉冲间隙。脉冲间隙加大，脉冲频率降低，即单位时间放电加工的次数减少，平均加工电流减少，切割速度随之降低。

电参数对线切割加工的工艺指标的影响规律如下。

（1）加工速度随着加工峰值电流、脉冲宽度的增加和脉冲间隙的减小而提高，即加工速度随着平均加工电流的增加而提高。

（2）表面粗糙度随着加工峰值电流、脉冲宽度的增加及脉冲间隙的减小而增大，脉冲间隙对表面粗糙度影响较小。

3.非电参数对工艺指标的影响

（1）电极丝材料线。切割加工时，不同材质的电极丝对切割性能有很大影响。采用钨丝加工时，可获得较高的加工速度，但放电后丝质易变脆，容易断丝；钼丝比钨丝熔点低，抗拉强度低，但韧性好，在频繁的急热急冷变化过程中，丝质不易变脆、不易断丝；钨钼丝加工效果比前两种都好，具有钨钼两者的特性；采用黄铜丝作电极时，加工速度较高，加工稳定性好，但抗拉强度低，损耗大。在快走丝线切割加工工艺中，电极丝在加工过程中反复使用，材料需耐腐蚀、抗拉强度高，目前普遍使用钼丝、钨丝和钨钼丝作为电极丝。常用钼丝规格为 $\varphi0.10 \sim \varphi0.18\,mm$。慢走丝线切割加工工艺中，电极丝做单向低速运动，用一次就扔掉，因此不必使用高强度的钼丝，一般都使用铜、钨金属丝。

（2）电极丝直径。小直径电极丝适合加工较薄的工件，大直径电极丝适合加工较厚的工件。因为直径大，抗拉强度高，承受电流大，可采用较强的电规准进行加工，它能够提高输出的脉冲能量，提高加工速度。一般使用粗电极丝切割厚工件，使用细电极丝切割表面精度要求高的工件。

（3）走丝速度。提高走丝速度有利于电极丝把工作液带入较大厚度的工件放电间隙中，有利于电蚀产物的排出，使加工稳定，加工速度提高。走丝速度过快会导致机械振动增加、加工精度降低和表面粗糙度增大，并易造成断丝。

（4）工作液。线切割加工过程中，如果电极丝和工件之间没有工作液，放电加工就不可能进行，即使有放电，结果不是电弧放电就是短路。线切割加工的特点是加工间隙小，工作液只能靠强迫喷入和电极丝带入。工作液供给量直接影响加工效果，它对切割速度、表面粗糙度、加工精度等工艺指标均有很大影响。目前，快走丝线切割工作液广泛采用乳化液，慢走丝线切割工作液是去离子水。

工作液浓度取决于工件的厚度，并与加工精度和材质有关。当工作液浓度高时，放电间隙小，表面粗糙度较小，但不利于排屑，易造成短路；工作液浓度低时，工件表面质量较差，但利于排屑。工作液的脏污程度对工艺指标也有较大影响，脏污程度低的工作液加工效果较好，如果脏污程度高，短路现象将频繁发生。在加工中工作液上下冲水时需均匀，并尽量包住电极，减少电极丝的振动，从而避免出现电极丝与工件的"搭桥"现象，改善工件表面质量。

（5）工件材料及厚度。工件材料不同，其熔点、沸点、热导率也不一样，材料的熔点、沸点、热导率高，热传导快，能量损失大，导致蚀出量低，切割速度低，但其表面质量优于熔点低且导热性差的材料。铜、钢、铜钨合金和硬质合金的切割速度应依次降低。

快走丝线切割加工采用乳化液加工铜、铝、淬火钢时，加工过程稳定，切割速度快；加工不锈钢、未淬火钢或淬火硬度低的高碳钢时，加工稳定性差，切割速度慢，表面粗糙度大；加工硬质合金时，加工稳定，切割速度快，表面粗糙度小。慢走丝线切割加工采用煤油加工铜件时，加工稳定，切割速度快；加工高熔点、高硬度、高脆性硬质合金时，加工稳定性和切割速度都比铜差；加工钢件，特别是不锈钢、未淬火钢或淬火硬度低的高碳钢时，加工稳定性和切割速度都低，表面粗糙度大。

第四节 激光与超声波加工技术

一、激光加工

激光加工是使用光的能量，通过透镜聚焦，在焦点上得到极高的能量密度，依靠光热效应来对不同材料进行加工的方法。人们可以使用透镜将太阳光进行聚焦，点燃纸张、母材，但是不能用来进行材料加工，这有两方面原因。一是地球上的太阳光的能量密度低；二是太阳光是多色光，由红、橙、黄、绿、蓝、靛、紫不同颜色的光组成，无法在一个平面上聚焦。人们通过研究发现激光是一种单色光，而且强度高、能量密度大，因此没有太阳光那样的缺点，能够用来进行材料加工。

（一）激光加工的特点

（1）能加工的材料种类多。激光基本上能够加工全部金属材料和非金属材料，尤其适合对高熔点材料、耐热合金和硬脆材料（陶瓷、宝石、金刚石等）进行加工。

（2）激光加工是非接触加工的一种，没有受力变形；受热区域较小，工件热变形小，加工精度较高。

（3）能够进行微细加工。激光能够聚焦成微米级的光斑，输出功率的大小也能调整，通常在精密微细加工中使用，加工的最高精度能够达到 0.001 mm，表面粗糙度 Ra 为 0.1～0.4 μm。激光聚焦后能够进行直径为 0.01 mm 的小孔和窄缝的切割。在大规模集成电路的制造过程中，可以使用激光进行切片。

（4）加工速度较快，加工效率较高。例如，在宝石上打孔，激光加工的时间仅仅是机械加工的 1%。

（5）能够进行打孔和切割，可以进行焊接、热处理等。

（6）控制性较好，容易实现自动化。

（7）能源损耗量少，没有加工污染，有利于节能、环保。

（二）激光加工的应用

激光能量具有高度集中的特性，因此利用激光，能够进行打孔、切割、雕刻和表面处理，激光的单色特性可以用来进行精密测量。

1.激光打孔

在激光加工中，激光打孔是使用时间最长、范围最广的一种加工技术。

2.激光切割

同激光打孔的原理基本一致，也是将激光能量聚集在很小的区域内将工件打穿。但是激光切割时需要移动工件或激光束（通常工件被移动），顺着切口持续打一排小孔以将工件切开。激光能够对金属、陶瓷、半导体、布、纸、橡胶、木材等进行切割，具有切缝狭窄、效率较高、操作方便的特点。

3.激光焊接

激光焊接和激光打孔的原理略微不同，焊接过程中不需要有那么高的能量密度让工件材料汽化蚀除，只需要把工件的加工区烧熔，将它们粘在一起即可。

4.激光的表面热处理

使用激光对金属工件表面进行扫描，进而使工件表面金相组织发生改变，再移去激光束，使工作表面自行淬火。

（三）激光加工机

激光加工机一般由激光器、电源、光学系统及机械系统四部分组成。

1.激光器

激光器是激光加工的主要设备，它的作用是将电能变为光能并产生激光束。

2.电源

电源的作用是为激光供给和控制能量。

3.光学系统

光学系统由观察扫描系统和激光聚焦系统组成，其中观察扫描系统的功能是观察和校准激光束的焦点和方位，同时在投影仪上显示加工方位。

4.机械系统

机械系统主要由床身、工作台（一般可以在三坐标范围内活动）机电控制系统等组成。伴随着电子技术的飞速发展，如今激光加工的工作台可以由计算机来操控，使得激光加工的数控操作成为可能。

一般的激光器可以根据激活介质的不同划分成固体激光器和气体激光器两种，按照工作方式的不同还可以分为连续激光器和脉冲激光器两种。现在对固体激光器做一定的论述。固体激光器通常使用光激励的方法，能量交换过程比较频繁，光激励产生的能量许多都变成了热能，用于加工的能量有一定的损耗，效率较低。想要解决固体过热的问题，就让固体激光器使用脉冲的工作方法，一般不使用连续工作的方式。因为光学不均匀性（一般由晶体缺陷和温度引起），固体激光器一般都输出多模，很少得到单模。

固体激光器的结构如图4-11所示。固体激光器的工作物质一般都比较小，因此其结构比较紧密。图4-11中的激光器由工作物质、光泵、玻璃套管和滤光液、冷却水、聚光器和谐振腔等部分组成。

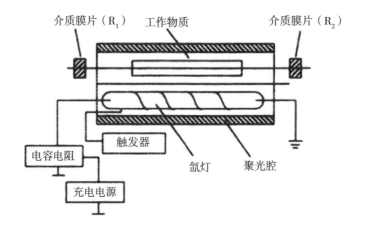

图 4-11　固体激光器结构

光泵的功能是给工作物质供给光，通常采用氙灯和氪灯。氙灯在脉冲状态下一般使用脉冲氙灯和重复脉冲氙灯。前者的工作时间一般要间隔几十秒；后者能够一秒工作几次至几十次，其电极需要用水冷却。

聚光灯的功能是将氙灯发射的光在工作物质上集中，通常把氙灯发射出的总光的 80% 聚集在工作物质上。使用比较普遍的聚光灯有很多种，其中圆柱形聚光灯加工制造方便，用得较多；椭圆柱形聚光灯效果好，采用也较多。为了提高反射率，聚光灯内面需磨平抛光至 Ra=0.025 μm，并增镀一层银膜、金膜或铝膜。

滤光液和玻璃套管的功能是将氙灯发射的紫外线部分除掉，这类紫外线对掺钕钇铝石榴石和钕玻璃都特别不利，它会导致激光的效率显著降低，通常使用的滤光液是重铬酸钾溶液。

谐振腔由两块反射镜组成，它的功能是让激光顺着轴向反复进行反射共振，用来提高激光的输出效率。

二、超声波加工

超声波加工简称超声加工。相对于电火花加工只可以对金属导电材料进行加工，超声波加工的使用范围更广泛，主要用于脆硬金属材料（硬质合金、淬火钢等）和不导电的非金属脆硬材料（玻璃、陶瓷、半导体锗、硅片等）的加工，另外还具有清洗、焊接、探伤、测量、冶金等方面的功能。

（一）超声波加工的特点

（1）适用于各种不导电的脆硬材料（玻璃、陶瓷、石英、锗、玛瑙、金刚石等）的加工。此外，也能对硬质金属材料如淬火钢、硬质合金等导电的硬质金属材料进行加工，但是加工效率很低。橡胶则不能使用超声波加工。

（2）加工精度比较高。工件表面的宏观切削力比较小，切削应力、切削热比较小，因此不会导致变形或烧伤，表面粗糙度很好，公差能够控制在 0.008 mm 以内，表面粗糙度 Ra 通常在 0.1 ～ 0.4 μm。

（3）工具和工件间相对运动简单，不需要旋转，所以很容易使加工出的复杂形状内表面、成型表面和工具形状一致。超声波加工机床的结构很简单，一般只从一个方向轻压进给，操作、维修比较方便。

（4）超声波加工也有一些不足之处，如加工面积小、工具易磨损，因此生产效率比较低。

（二）超声波加工的应用

超声波加工从 20 世纪 50 年代以来，应用日益广泛。随着科技和材料科学的发展，其将发挥更大的作用。目前，超声波在生产上主要有以下用途。

1. 成型加工

超声波成型加工通常应用于工业部门的加工中，一般用于将脆硬材料加工成圆孔、型孔、型腔、套料、微细孔、弯曲孔、刻槽、落料、复杂沟槽等。

2. 超声波清洗

超声波清洗的原理是清洗液在超声波的振动作用下，液体分子出现往复高频振动，并形成空化效应。空化效应使液体中急剧生长微小空化气泡并瞬时强烈闭合，产生的微冲击波对被清洗物表面的污物产生损害，使其从被清洗物表面掉落。在污物溶解于清洗液的条件下，空化效应提高溶解速度，使清洗物上的窄缝、细小深孔、弯孔中的污物也能被快速地清洗下来。因此，超声波在清洗形状复杂、质量要求比较高的中小型精密零件（尤其是孔、弯曲孔、育孔、沟槽等特殊部位）时具有很好的效果。超声波清洗能很好地应用于半导体、集成电路元件、光学元件、精密机械零件、放射性污染物等的清洗中。

3. 切割加工

普通的加工方法很难切割脆硬的半导体材料，而使用超声波切割加工的效果则比较好。同时超声波在精密切割半导体、氧化铁、石英等时有成本低、刀具刃多、效率高等优势。

4.超声波焊接加工

超声波焊接通过超声波振动的作用，使被焊接工件的两个表面在速度较高的振动碰撞下，除掉工件表面的氧化膜并经摩擦发热后黏结在一起，所以其不但能够对金属进行加工，也能够对尼龙、塑料等进行加工，如在近代制造业中使用超声波焊接加工的双联齿轮。因为超声波焊接加工不需要外加热和焊接，热影响较小，外加压力比较大，不出现污染的现象，技术好、成本低，所以其不仅可以对直径或厚度很小的材料进行加工，还可用于焊接塑料、纤维等。

（三）超声波加工的设备

虽然各种超声波加工设备的尺寸和机构并不相同，但是其普遍都包括超声波发生器、超声振动系统（声学部件）、机床及磨料工作液循环系统。

1.超声波发生器

超声波发生器的功能是把工频交流电转化为有固定功率输出的超声频交流电，给工具端面维持振动提供能量以除去被加工材料。它的主要优势是输出功率和频率在固定范围内是可以调节的，能够对共振频率自动跟踪和自动微调。

超声波加工用的超声波发生器有电子管和晶体管两种类型。电子管不但功率大，而且频率稳定，在大中型超声波加工设备中使用较多。晶体管的体积小，能量损耗小，因而发展较快，并有取代电子管的趋势。

2.超声振动系统

超声振动系统的主要功能是将高频电能转变为机械振动，同时将其通过波传输到工具端面。其在超声波加工设备中具有重要影响，主要由换能器振幅扩大棒和工具组成。换能器的功能是把高频电振荡变成机械振动，现在分别采用"压电效应"和"磁致伸缩效应"制成的压电陶瓷换能器和磁致伸缩换能器能够达到这个目标。前者能量转换效率高，体积小；后者功率较大。

3.机床及磨料工作液

超声波加工机床通常结构都不复杂，一般由支撑声学部件的机架、工作台面和让工具以固定力作用在工件上的进给机构等组成。平衡重锤是用于调节加工压力的。工作液是为了提高表面质量的，一般为水，也有用煤油的。磨料常采用碳化硼、碳化硅或氧化铝。简单机床的磨料是靠人工输送和更换的。

第五章　机械制造自动化技术及应用

第一节　机械制造自动化技术概述

一、机械制造自动化的概念

所有的制造过程都要经历多道工序，每一个工序都包括多种基本动作。比如，上下料动作、切削动作、传动动作等。除此之外，还有对这些基本动作进行管理及操纵的操纵动作，如开启和关闭传动机构的动作等。这些动作可以手动来完成，也可以用机器来完成。执行制造过程的基本动作是由机器（机械）代替人力劳动来完成的，这就是机械化。若操纵这些机构的动作也是由机器来完成的，就可以认为这个制造过程是"自动化"了。

在一个工序中，如果所有的基本动作都机械化了，并且若干个辅助动作也自动化起来了，而工人所要做的工作只是对这一工序进行总的操纵和监督，就称为工序自动化。一个工艺过程（如加工工艺过程）通常包括若干个工序，如果每一个工序都自动化了，并且把它们有机地联系起来，使得整个工艺过程（包括加工、工序间的检验和输送）都自动进行，而工人仅对这一整个工艺过程进行总的操纵和监督，就形成了某一种加工工艺的自动生产线，通常称为工艺过程自动化。

一个零部件（或产品）的制造包括若干个工艺过程，如果每个工艺过程都自动化了，而且它们之间是自动地有机联系在一起的，也就是说从原材料到最终成品的全过程不需要人工干预，就形成了制造过程的自动化。机械制造自动化的高级阶段就是自动化车间甚至自动化工厂。

二、机械制造自动化技术的主要内容和作用

机械制造过程中的自动化技术主要有以下几种。

（1）机械加工自动化技术，包含上下料自动化技术、装配自动化技术、换刀自动化技术、加工自动化技术和零件检验自动化技术等。

（2）物料储运过程自动化技术，包含工件储运自动化技术、刀具储运自动化技术和其他物料储运自动化技术等。

（3）装配自动化技术，包含零部件供应自动化技术和装配过程自动化技术等。

（4）质量控制自动化技术，包含零部件检测自动化技术、产品检测自动化技术和刀具检测自动化技术等。

在机械制造中使用自动化技术，能够使劳动条件得到有效改进，使工人的劳动强度得到减轻，使劳动生产率得到很大程度的提升，从而缩短生产周期，控制生产成本。同时，生产出来的产品在质量上也会得到明显提高。所以，人们在体会到机械自动化带来的好处之后，便开始研究并大力发展机械的自动化技术，自动化机械在人们的生产活动中的应用也越来越普遍。

三、机械制造自动化技术生产模式的发展历程

回顾历史，机械制造自动化技术生产模式经历了以下几个主要发展阶段（图5-1）：

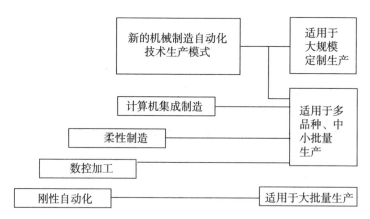

图5-1　机械制造自动化发展的5个阶段

第一阶段：刚性自动化，包括自动单机和刚性自动线。本阶段的自动化技

术在二十世纪四五十年代已相当成熟。其应用传统的机械设计与制造工艺方法，采用专用机床和组合机床、自动单机或自动化生产线进行大批量生产。其特征是高生产率和刚性结构，很难实现生产产品的改变。引入的新技术有继电器程序控制、组合机床等。

第二阶段：数控加工，包括数控和计算机数控。数控加工设备包括数控机床、加工中心等。其特点是柔性好、加工质量高，适用于多品种、中小批量（包括单件产品）生产。引入的新技术有数控技术、计算机编程技术等。

第三阶段：柔性制造。本阶段的自动化技术的特征是强调制造过程的柔性和高效率，适用于多品种、中小批量生产。涉及的主要技术包括成组技术、计算机直接数控和分布式数控、柔性制造单元、柔性制造系统、柔性加工线、离散系统理论和方法、仿真技术、车间计划与控制、制造过程监控技术、计算机控制与通信网络等。

第四阶段：计算机集成制造，即计算机集成制造系统。其特征是强调制造全过程的系统性和集成性，以解决现代企业生存与竞争的 TQCSE 问题。计算机集成制造系统涉及的科学技术非常广泛，包括现代制造技术、管理技术、计算机技术、信息技术、自动化技术和系统工程技术等。

第五阶段：新的机械制造自动化技术生产模式，如智能制造、敏捷制造、虚拟制造、网络制造、全球制造、绿色制造等。

四、机械制造自动化的发展趋势

随着科学技术的飞速发展和社会的不断进步，先进的生产模式对自动化系统及技术提出了多种不同的要求，这些要求也同时代表了机械制造自动化今后的发展趋势。

（一）高度智能集成性

随着计算机集成制造技术和人工智能技术在制造系统中的广泛应用，具有智能已成为制造自动化系统的主要特征之一。智能集成化制造系统可以根据外部环境的变化自动调整自身的运行参数，使自己始终处于最佳运动状态，这称为系统具有自律能力。智能集成化制造系统还具有决策能力，能够最大限度地自行解决系统运动过程中所遇到的各种问题。有了智能，系统就可以自动监视本身的运动状态，发生故障时能自动予以排除。若发现故障正在形成，则采取措施防止故障发生。智能集成化制造系统还应与计算机集成制造系统等其他系统共同集成为一个有机整体，从而达成资源共享的目的。其集成性不只反映在信息集成上，还包括另一个层次的集成，即人和技术之间的集成，实现人机功能的合理分配，并能够充分发挥人的主观能动性。具有智能的制造系统还可以在最佳加工方法和加工参数的选择、加工路线的最佳化和智能加工质量控制等方面发挥重要作用。总之，智能集成化制造系统具有自适应能力、自学习能力、自修复能力、自组织能力和自我优化能力。因而，这种具有智能的集成化制造系统将是制造自动化系统的主要发展趋势之一。但由于受到人工智能技术发展的限制，智能化集成制造自动化系统的实现是个缓慢的过程。

（二）人机结合的适度自动化

以往的制造自动化系统总是过于注重完全的自动化，很少会关注到人的主导作用。要知道，在先进的生产模式下，制造自动化系统并不会过于重视其自动化的水平，而是会更加关注人与机器在功能上的合理分配，重视人在生产实践中的主观能动性。所以，人机合理结合的自动化系统才更适用于先进的生产模式。这样的系统虽然成本比较低，但是运行的可靠程度却非常高，同时，系统的结构也相对比较简单。然而，它也存在着一些缺陷，主要的缺陷就是系统的运行质量会受到人情绪变化的影响。在先进生产模式下，尤其是在智能制造的系统当中，虽然人的一些推理活动、思维活动以及决策活动能够被计算机代替，但是计算机绝对不能代替人的所有活动。在这样的系统当中，人始终是起主导作用的，这是因为不管计算机有多么"机智"，人的智能始终是计算机智能无法企及的。

（三）强调系统的柔性和敏捷性

在先进的生产模式下，制造自动化系统所面对的是小批量、多品种的生产环境，同时，其市场需求也是难以预料的，这时，就需要系统具备一定的柔性，这样才能使产品更新换代的速度满足要求。要想使制造自动化系统具备柔性，最重要的方法就是利用成组技术以及由计算机所控制的程序化的数控设施。我们现在所说的柔性和我们以往认为的柔性还不一样，这里所说的柔性被称为敏捷性。以往我们认为的传统的柔性制造系统只在特定的范围内具备柔性，并且其柔性范围在设计系统的时候就已经提前进行了确定，如果超出了这个范围，系统就无计可施了。而在先进的生产模式下，制造自动化系统所面临的外部环境是难以预料的，因此不能做到提前对系统的有效范围进行设定。不过，因为系统是智能化的，同时还采用了很多新的技术手段，所以，即使外部环境变化莫测，系统依然能够通过改变结构的方式来适应外部环境。这样的"敏捷性"相比"柔性"，适用性更为广泛。

（四）功能扩展化

理论上，完整的制造自动化系统应包括毛坯的制备、物料的存储/运输/加工、辅助处理、零件检验、装配、部件及成品测试、油漆和包装等内容，并将它们集成一个有机的整体。然而，当前的制造自动化面向的主要是零件加工，很少会涉及别的内容。制造自动化系统在未来的发展方向应该是向前发展到毛坯自动化制备，向后发展到自动装配、包装等。

（五）制造自动化系统小型化

小型化的制造自动化系统结构相对简单，可靠性较高，容易使用和管理，寿命周期长，成本也较低、投资少、见效快，并且一般情况下均能满足使用要求。所以，将来的用户将会更加青睐小型化的制造自动化系统，如计算机直接数控和分布式数控。

（六）制造自动化系统简单化

在使用需求得到满足的前提下，制造自动化系统在结构上应该是愈发简易的，冗余功能、极少用到的功能以及由人来实现极其简单，但由系统自动实现却十分复杂的功能将会越来越少。结构简单具备寿命周期长、成本低、可靠性高、容易使用和管理的优点，还可以减少对熟练工人的需求。可以认为，简单化是制造自动化系统的一个主要发展方向。

（七）制造自动化系统环保化

对于当前的人类社会而言，可持续发展问题已经成为亟须解决的重要问题之一，对于可持续发展战略来说，主要的两个方面就是资源与环境。然而，制造自动化系统在资源与能源的消耗上可谓是海量的，同时也会严重污染环境，在这种局势下，必须要重视可持续发展战略的实施，要将资源的优化利用、环境的保护作为重要的发展目标，并以此为基础，对系统的规划和运行加以把控。

第二节　数控加工技术

一、数控加工技术的概念和特点

（一）数控加工技术的概念

数控加工技术是一种以软件编程技术为核心的自动化控制加工生产技术。该技术的关键内容是计算机控制技术，是能够更好、更快响应的电子计算机技术和信息技术。数控加工技术结合传统加工工艺，大大提高了机械设备的加工效率。先在数控机床机械设备的电子计算机上预先设定所需的操作程序，然后由机器设备根据调整后的操作程序对各个零件进行加工和组装，从而生产出完整的机械装置。数控加工技术可以生产批量零件，可以独立操纵每个实际加工过程，操作步骤简单，同时可保证零件的生产质量。

（二）数控加工技术的特点

与传统企业加工技术相比，数控加工技术优势明显。首先，数控加工技术可以加工各种形状的零件，即使是一些带有不规则斜角的零件或形状更复杂的零件，也可以采用数控加工技术完成精密加工。其次，采用数控加工技术加工效率更高，可以在零件加工过程中有效结合相似的工艺流程，提高加工效率，缩短加工时间。再次，数控加工技术的核心是电子计算机技术，操作更容易，选用电子计算机技术进行参数设置，能够在整个生产过程中及时改变各种加工工艺的主要参数，还可以完成批量零件加工和新产品研发。最后，加工步骤的模块化设计可以大幅提高机械设备的数字化水平和批量生产零件的标准化水平，减少拆卸和更换铣刀的时间。

二、数控机床及其组成

（一）数控机床的概念

数控机床是用计算机通过数字信息来自动控制机械加工的机床。具体地说，数控机床是通过编制程序，即通过数字（代码）指令来自动完成机床各个坐标的协调运动，正确地控制机床运动部件的位移量，并且按加工的动作顺序要求自动控制机床各个部件动作（主轴转速、进给速度、换刀、工件夹紧与放松、工件交换、冷却液开关等）的机床。它是集计算机应用技术、自动控制、精密测量、微电子技术、机械加工技术于一体的一种具有高效率、高精度、高柔性和高自动化的光、机、电一体化数控设备。

（二）数控机床的组成

数控机床一般由数控系统、伺服系统、主传动系统、强电控制装置、机床本体和各类辅助装置组成。图 5-2 为一种较典型的现代数控机床的构成。

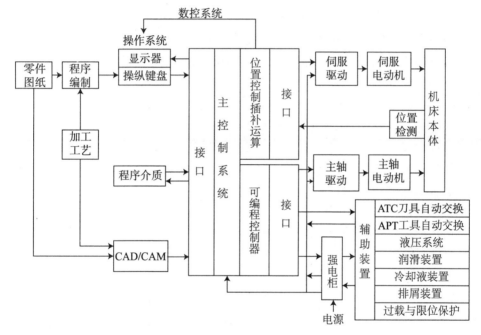

图 5-2　典型现代数控机床的构成

1.数控系统

数控系统是机床实现自动加工的核心，主要由操作系统、主控制系统、可编程控制器、各类 I/O 接口等组成。其主要功能有多坐标控制和多种函数的插补（直线插补、圆弧插补等）、多种程序输入功能，编辑和修改功能，信息转换功能，补偿功能，多种加工方法选择与显示功能，自诊断功能以及通信和联网功能。可编程控制器主要用于开关量的输入与控制，如主运动部件的变速、换向和启停，冷却、润滑的启停，工件和机床部件的松开、夹紧，选择和交换刀具，分度工作台的转位等。

2. 伺服系统

伺服系统是数控系统的执行部分，主要由伺服电动机、驱动控制系统及位置检测反馈装置等组成，其与机床上的执行部件和机械传动部件组成数控机床的进给系统。它根据数控装置发来的速度和位移指令控制执行部件的进给速度、方向和位移。伺服系统有开环、半闭环和闭环之分。在半闭环和闭环伺服系统中，还要使用位置检测装置去直接或间接测量执行部件的实际进给位移，并与指令位移进行比较，按闭环原理，将其误差转换放大后控制执行部件的进给运动。

3. 主传动系统

主传动系统是机床切削加工时传递扭矩的主要部件之一，一般分为齿轮有级变速和电气无级调速两种类型。较高档的数控机床都要求实现无级调速，以满足各种加工工艺的要求。它主要由主轴驱动控制系统、主轴电动机以及主轴机械传动机构等组成。

4. 强电控制装置

强电控制装置是介于数控装置和机床机械、液压部件之间的控制系统，主要由各种中间继电器、接触器、变压器、电源开关、接线端子和各类电气保护元器件等构成。其主要作用是接收数控装置输出的主运动变速、刀具选择交换、辅助装置动作等指令信号，经必要的编译、逻辑判断、功率放大后直接驱动相应的电器、液压、气动和机械部件，以完成指令所规定的动作。此外，行程开关和监控检测等开关信号也要由强电控制装置送到数控装置进行处理。

5. 机床本体

机床本体指的是数控机床的机械结构实体。它与普通机床相同，也由主传动机构、进给传动机构、工作台、床身以及立柱等部分组成，但数控机床的整体布局、外观造型、传动机构、刀具系统及操作机构等方面与普通机床相比都发生了很大变化，它主要体现在采用高性能的主传动及主轴部件，进给传动采用高效传动件，有较完善的刀具自动交换和管理系统，有工件自动交换、工件夹紧与放松机构，床身机架具有很高的动静刚度，采用全封闭罩壳。

6. 辅助装置

辅助装置主要包括刀具自动交换装置、工件自动交换装置、工件夹紧机构、回转工作台、液压控制系统、润滑装置、冷却液装置、排屑装置、过载与限位保护装置等。

三、数控加工过程

数控加工就是根据零件图样及工艺要求等原始条件，编制零件数控加工程序，并输入到数控机床的数控系统，以控制数控机床中刀具与工件的相对运动，从而完成零件的加工。数控加工流程如图 5-3 所示。

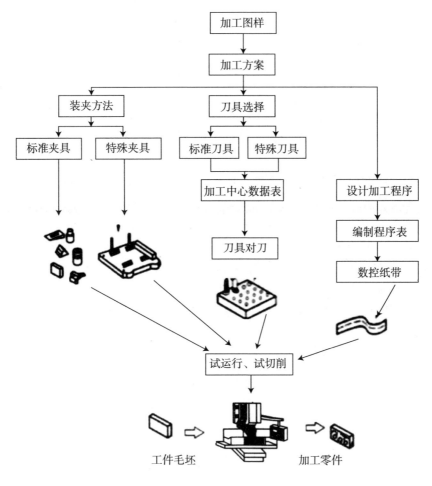

图 5-3　数控加工流程

（1）根据零件加工图样进行工艺分析，确定加工方案、工艺参数和位移数据。

（2）用规定的程序代码和格式编写零件加工程序单，或用自动编程软件进行 CAD/CAM 工作，直接生成零件的加工程序文件。

（3）程序的输入或传输。手工编程时，可以通过数控机床的操作面板输入程序。由编程软件生成的程序，通过计算机的串行通信接口直接传输到数控机床的数控单元。

（4）将输入参数传输到数控单元的加工程序，进行试运行、刀具路径模拟等。

（5）通过对机床的正确操作，运行程序，完成零件的加工。

四、数控加工编程技术

（一）手工编程

从分析零件图、制定工艺规程、计算刀具运动轨迹、编写零件加工程序单、制备控制介质直到程序校核，整个过程都由人工完成的编程方法称为手工编程，其流程如图5-4所示。

对于一些几何形状简单的零件，计算起来比较容易，加工程序也比较少，通过手工编写的方式也是比较容易完成的。然而，对于那些形状比较复杂，有着列表曲线或者非圆曲线轮廓的零件，尤其是具有列表曲面或者组合曲面的零件，或是零件几何形状不复杂，但具有很大程序量的零件来说，计算起来会非常麻烦，程序量也很大，通过手工编程是很难完成的。比如，一个零件上面有很多小孔，并且具有铣削轮廓，数控装置是没有刀具半径自动补偿这一功能的，因此根据刀具中心位置的运动轨迹去编程，这样的工序难度是非常大的。

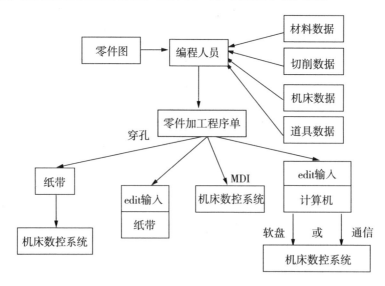

图 5-4 手工编程的流程

（二）自动编程

计算机的数据处理功能十分强大，因此，利用计算机就可以完成数值的计算工作，其需要对零件的加工程序进行编写，然后提供零件加工程序单。同时，计算机还能够通过通信接口把程序传送至数控系统当中，控制机床可以使工人的劳动量大大降低。通过计算机进行数控机床的程序编制方法叫作自动编程。

APT 是一种对工件、刀具的几何形状及工具相对于工件的运动等进行定义时所用的一种接近英语的符号语言。用 APT 语言编写零件加工程序，然后将其输入到计算机，经计算机的 APT 语言编译系统编译产生刀位文件，再经过后置处理，生成数控系统能识别的零件数控加工程序的方法，称为 APT 语言自动编程，其流程如图 5-5 所示。

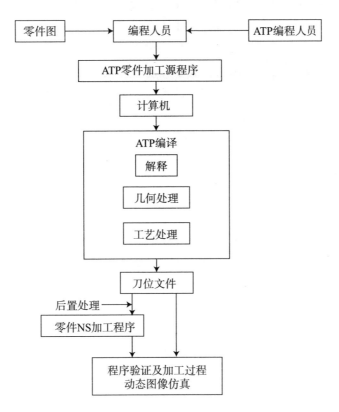

图 5-5　APT 语言自动编程的流程

采用 APT 语言自动编程，由于计算机自动编程代替程序编制人员完成了烦琐的数值计算工作，并省去了编写程序单的工作量，因而可将编程效率提高数倍到数十倍，同时解决了手工编程无法解决的许多复杂零件的编程难题。

（三）CAD/CAM 集成系统数控编程

CAD/CAM 集成系统数控编程是以待加工零件 CAD 模型为基础的一种集加工工艺规划和数控编程为一体的自动编程方法，适用于表面模型的数控编程。零件 CAD 模型的描述方法多种多样，其中表面模型在数控编程中的应用较为广泛。以表面模型为基础的 CAD/CAM 集成数控编程系统习惯上又被称为图像数控编程系统。

CAD/CAM 集成系统数控编程的主要特点是零件的几何形状可在零件设计阶段使用 CAD/CAM 完成，集成系统的几何设计模块在图形交互方式下进行定义、显示和修改，最终得到零件的几何模型（可以是表面模型，也可以是实体模型）数控编程的内容，包括刀具的定义及选择、刀具相对于零件表面的运动方式的定义、切削加工参数的确定、走刀轨迹的生成及加工过程的动态图形仿真显示、程序验证、后置处理等，它们一般都是在屏幕菜单及命令驱动等图形交互方式下完成的，具有形象、直观和高效等优点。

以表面模型为基础的数控编程方法比以实体模型为基础的数控编程方法简单。基于表面模型的数控编程系统一般只用于数控编程，也就是说，其零件的设计功能（或几何造型功能）是专为数控编程服务的，针对性很强，也容易使用，典型的软件系统有 Mastercam 等数控编程系统。以实体模型为基础的数控编程则不同，其实体模型一般都不是专为数控编程服务的，甚至不是为数控编程设计的，为了用于数控编程，往往需要对实体模型进行可加工性分析，识别加工特征、加工表面或加工区域，并对加工特征进行加工工艺规划，最后才能进行数控编程，其中每一步都可能很复杂，需要在人机交互方式下进行。图 5-6 为 CAD/CAM 集成系统数控编程的流程。

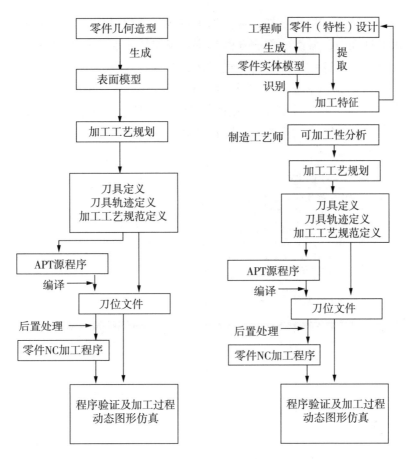

图 5-6 CAD/CAM 集成系统数控编程的流程

五、数控加工技术的应用

（一）数控加工技术的应用概况

近年来，数控加工技术在我国机械设备制造中的应用越来越多，如煤矿机械制造、汽车工业制造、工业生产和国防安全机械设备等领域。数控加工技术在机械设备中得到了有效应用，奠定了现代数控加工智能化、现代化和自动化的基础。长期以来，在煤矿机械、零件加工等制造中使用数控加工技术，不仅大大降低了加工成本，还创造了高柔性、高效率、高质量的生产线，推动了行业的快速发展。另外，数控加工技术被大量应用于工业生产，如工业机械手。在执行工业生产的各个阶段，该技术可防止人为控制引发的危险，使工业生产具有更高的可靠性。除此之外，数控加工技术可实现对加工工时的预测。因为在零件加工过程中，各组成部分耗时具有不确定性，所以很难预测时间。利用数控加工技术，可以对零件的每一道工序工时进行计算与预测，从而实现对零件的加工工时的预测和估算。先确定工时的影响因素，再收集工时数据，然后对数据进行预处理，按照工时预测模型得出预测结果。若不满足误差要求，则对相关参数进行修改，直到满足误差要求，预测步骤如图5-7所示。

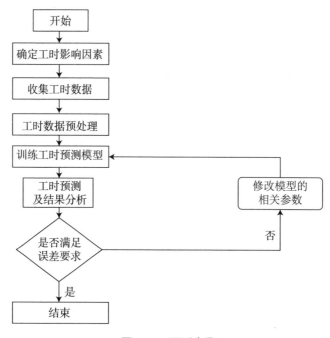

图5-7 预测步骤

（二）数控加工技术在大型钛合金精铸件加工中的应用

1.钛合金精铸件的加工特性

由于钛合金精铸件的整体结构较为复杂，再加上存在局部刚性差等问题，大型钛合金精铸件的生产加工过程中需要协调的关系较多且比较复杂，对于铸件的变形控制难度比较大，因此对数控加工过程的控制需求以及工艺方案的完善程度要求都非常高，具体体现在以下三点：首先，在数控加工过程当中需要定位的工序较多，因此会出现重复定位的问题，并且数控加工时的装夹工作较难；其次，材料去除量以及铸件局部余量不够均匀，比如在数控加工过程中容易出现加工振动以及切割变形的问题；最后，大型钛合金精铸件的结构比较复杂，因此数控加工的流程比较长。

104

2.大型钛合金精铸件的零件特点

第一是大型钛合金精铸件在零件结构方面的特点。大型钛合金精铸件一般为整体框架类型的零件，Z 向净高通常在 650 mm 以上，并且铸件内部能够有效支撑的面积较小，局部刚性比较差；铸件表面的薄壁结构相对比较多，并且大部分筋缘条厚度都处于 2 ～ 3 mm，可加工性能相对较差；钛合金精铸件一般还会有焦点孔和深槽腔耳片等数控加工难度非常大的结构，同时槽宽、同轴度和孔径等的加工精度要求也非常高。

第二是铸件的毛坯特点。虽然现阶段钛合金精铸件的毛坯尺寸已经基本固定，但是因为在钛合金精铸件锻造的过程中很难控制精度误差，因此在后续的数控加工过程中还容易出现以下两方面问题：一方面是非加工面和加工面很难实现有效协调，容易在加工过程中出现加工台阶问题，大幅度加重了钳工打磨工作的实际工作量；另一方面会加重铸件加工余量不均匀的问题，导致数控加工操作时很容易出现铸件的严重变形问题。

第三是零件的变形特点分析。如果大型钛合金精铸件受到的应力分布不均匀，就很容易导致钛合金精铸件出现严重的变形问题。由于大型钛合金精铸件大多数为半封闭式框架型结构，内部的有力支撑较少，精铸件后端面也会呈现敞开式结构，零件结构的刚性较差，并且没有加强筋条的工艺结构，从而在加工过程中容易出现开口端扩张、高度方向错位以及型面弯曲等变形问题，主要的变形因素包括局部材料的去除量过大，内应力的释放不够均匀；毛坯铸造成型之后，精铸件的组织结构分布不够均匀，导致热应力释放不够均衡。

3.大型钛合金精铸件的数控加工技术方案分析

在系统分析大型钛合金精铸件的零件结构特征以及实际加工难点的基础上，针对性地制订数控加工技术方案，其包括装夹、快速定位、变形控制以及尺寸精度的控制几个主要环节。

第一，装夹技术的应用方案。由于大型钛合金精铸件结构的上半部分大多处于自由状态，因此铸件两端的开口以及中间的大型孔洞等部位的刚性都比较差。通常情况下，在加工过程中容易出现振动问题，从而对数控加工的质量产生负面影响。针对该问题，可以选择在数控加工平台上额外增设三套能够调节的可支撑工装，有效增强钛合金精铸件需要数控加工部分的实际刚度，从而保证精铸件进行数控加工时表面的质量和性能基础。

第二，快速定位方法。快速定位工作是在加工平台的工装部位设置固定定位销装置，并且在铸件加工的技术凸台相应位置设置定位孔结构，保证孔轴间隙可以呼应，从而在数控加工过程中实现快速且精准的定位。与此同时，在工装原点端的定位销需要设计为圆柱形，远端定位销则需要设计为六边形，从而在更好地固定铸件的基础上为铸件的加工变形留出额外的余量，为后续的装夹操作打下基础。

第三，变形控制处理。首先是切削刀具以及相关参数的优化。在切削加工精铸件时，切削力是对精铸件处理质量影响最大的因素。切削力大小在很大程度上决定了钛合金精铸件的切削热和加工变形问题，甚至还会影响切削加工的实际效率。因此，在切削工作开展过程中，通常会选择刃口锋利或者前角比较大的刀具，并且会采用小切深切分层加工的方法，从而降低在数控加工过程中钛合金精铸件出现变形问题的概率。其次是无应力修面的实现，在各类加工应力的影响下，钛合金精铸件会出现一定的变形问题，在此情况下，就需要采用无应力装夹以及无应力修面等方法，减少铸件变形情况的发生。在大型钛合金精铸件处于自由状态下，利用铜垫片等构件垫实定位凸台的底面，确保压紧操作时零件无应力装夹，并且定位凸台不会出现变形问题，从而达到消除加工过程中装夹应力以及铸件变形问题的目的。

第四，尺寸精度的控制方案。在数控加工工作开始之前，需要全面测量加工面和非加工面，便于后续变形量和加工余量的检查工作，并通过检查结果确定数控程序的加工余量。在实际的数控加工过程中，由于大型钛合金精铸件的薄壁结构存在明显的让刀问题，因此精铸件的数控加工精度很容易受到不良影响，最终导致精铸件出现局部余量不均匀以及尺寸差异较大等问题。

第三节　柔性制造系统

一、柔性制造系统的概念

柔性制造系统由统一的信息控制系统、物料储运系统和一组数控加工设备组成，能适应加工对象变化的自动化机械制造系统。柔性制造系统的工艺基础是成组技术，它按照成组的加工对象确定工艺过程，选择相适应的数控加工设备和工件、工具等物料储运系统，并由计算机控制，故能自动调整并实现一定范围内多种工件的成批量高效生产，并能适时改变加工的产品以满足市场需求，即具有"柔性"。

柔性制造系统一般是由多台数控机床和加工中心组成的，并有自动上、下料装置，仓库和物料储运系统，在计算机及其软件的集中控制下，实现加工自动化。它具有高度柔性，是一种计算机直接控制的自动化可变加工系统。与传统的刚性自动化生产线相比，柔性制造系统具有下列突出特点。

（1）具有高度的柔性，能够实现工艺要求不同的同族零件加工。

（2）具有高度的自动化，能够实现无人自动化工作。

（3）设备利用率高，设备调整、工序准备与终结等辅助时间大大减少。

（4）具有高生产率。

（5）可降低直接劳动费用，增加经济收益。

柔性制造系统的适用范围很广，其适用范围如图 5-8 所示，图中柔性制造单元、柔性生产线都属于柔性制造系统的范畴。柔性制造系统能够适应单件、小批量生产，也能适应中大批量、多品种生产，把高柔性、高质量、高效率统一结合起来，是当前最有实效的生产手段。

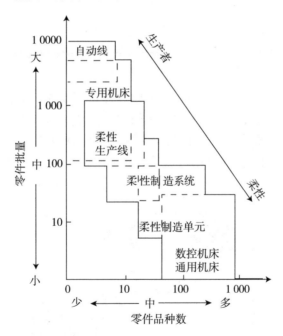

图 5-8 柔性制造系统的适用范围

二、柔性制造系统的类型

柔性制造系统一般可分为柔性制造单元、柔性制造系统和柔性自动生产线，它们统称柔性制造系统。

（一）柔性制造单元

柔性制造单元是由单台计算机控制的数控机床或加工中心、环形（圆形或椭圆形）托盘输送装置或工业机器人组成的，可以不停机转换工件进行连续生产（图 5-9）。它适用于多品种生产，是组成柔性制造系统的基本单元。

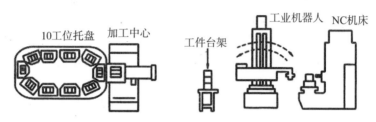

（a）具有托盘交换系统的柔性制造单元　（b）具有工业机器人的柔性制造单元

图 5-9　柔性制造单元

（二）柔性制造系统

柔性制造系统是由两台或两台以上的数控机床或加工中心或柔性制造单元组成的，配有自动输送装置（有轨、无轨输送车或机器人）、工件自动上下料装置（托盘交换或机器人）、自动化仓库，并有计算机综合控制功能、生产计划和调度管理功能以及监控功能等。图 5-10 为由两台加工中心、两台机器人、一个立体仓库、一台图像识别器和传送带组成的柔性制造系统。

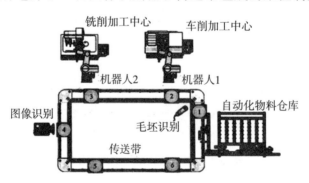

图 5-10　柔性制造系统

（三）柔性生产线

柔性生产线由多台加工中心或数控机床组成，其中有些机床带有一定的专用性,全线机床按工件的工艺过程布局,可以有生产节拍,但它本质上是柔性的,适当调整可以快速适应产品变化,具有柔性制造系统的功能。图 5-11 为由九台机床和一台装卸站组成的柔性生产线。

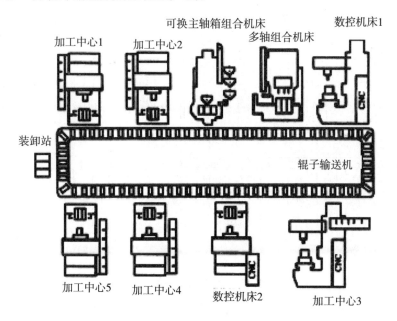

图 5-11　柔性生产线

三、柔性制造系统的组成

柔性制造系统由物流系统和信息系统构成,各个系统又由许多子系统组成,如图 5-12 所示。

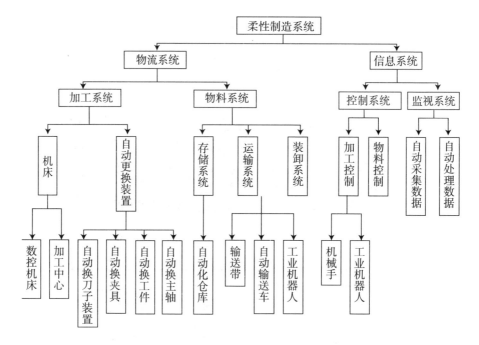

图 5-12　柔性制造系统的组成

　　柔性制造系统的主要加工设备是加工中心和数控机床，目前以铣镗加工中心（立式和卧式）和车削加工中心占多数，一般由 2～6 台组成。柔性制造系统常用的输送装置有输送带、有（无）轨输送车、工业机器人等。在一个柔性制造系统中可以同时采用多种输送装置，从而形成复合输送网。输送方式可以是线形、也可以是环形和网形。柔性制造系统的储存装置可采用立体仓库和堆垛机，也可采用平面仓库和托盘站。托盘是一种随行夹具，其上装有工件夹具（组合夹具、通用夹具、专用夹具），工件装夹在夹具上，托盘、工件夹具和工件形成一体，由输送装置输送，托盘在机床的工作台上自动定位和夹紧。托盘站可起暂时存储作用，配置在机床附近，还可起缓冲作用。仓库可分为毛坯库、零件库、刀具库和夹具库等。柔性制造系统中除主要加工设备外，根据需要还可以有清洗工作站、去毛刺工作站、测量与检验工作站等。

　　柔性制造系统中的控制系统将多台计算机、设备控制装置（如机床数控系统）通过网络互联，形成递阶控制，进行分层控制与管理，其工作内容包括以下几个方面。

　　（1）工艺过程设计：根据产品零件工艺要求进行工艺过程设计，能适应生产调度变化。

（2）生产计划调度：制订生产作业计划，保证均衡生产，提高设备利用率。

（3）工作站和设备的运行控制：工作站是由若干设备组成的，如车削工作站是由车削加工中心和工业机器人等组成的。工作站和设备的运行控制是对机床、物料输送系统、物料存储系统、测量机、清洗机等的全面递阶控制。

（4）工况监测和质量保证：对整个系统的工作状况进行监测和控制，保证工作安全可靠，运行正常，质量稳定合格。

第四节　计算机集成制造系统

一、计算机集成制造系统的概念

计算机集成制造是一种运用数字化设备把企业生产制造与生产管理进行优化的思想。它将企业决策、经营管理、生产制造、销售及售后服务有机地结合在一起。

计算机集成制造系统是随着计算机辅助设计与制造的发展而产生的，它是在信息技术、自动化技术与制造的基础上，通过计算机技术把分散在产品设计制造过程中各种孤立的自动化子系统有机集成起来，形成适用于多品种、小批量生产，实现整体效益的集成化和智能化制造系统。

计算机集成制造系统是一种新型的制造模式，它以传统的制造技术为支撑，将现代信息技术、管理技术、自动化技术及系统工程技术等先进技术有机结合，整合了从产品的创意策划、设计制造、库存销售到售后服务全过程中所有的人、财、物，以及经营管理、生产技术等要素，使制造系统中的各种活动、信息有机集成并优化运行，最终达到在保证质量的前提下低成本、快速开发的目标，从而提高企业的创新设计能力和市场竞争力。

计算机集成制造系统是一个大型复杂的计算机集成制造系统，包括人、技术和管理三要素。人包括组织机构及其成员；技术包括信息技术和基础结构，即设备、通信系统及运输系统等使用的各种技术；管理包括组织机构模式以及生产经营过程的组织管理。其中，技术要素作为经营管理的支撑，供人员进行统一协调管理工作，实现人、财、物的最佳资源配置和优化运行。计算机集成制造系统注重发挥人的作用，侧重于以人为中心的适度自动化，并不过分强调物流自动化，而是强调人、技术和管理三者的有机集成。

二、计算机集成制造系统的功能组成

计算机集成制造系统是针对机械制造业提出的，以计算机网络技术、数据库技术为支撑，四个功能系统，即制造自动化系统、质量控制系统、管理信息系统和工程设计自动化系统之间通过计算机系统实现信息的交换与集成。

计算机网络技术是信息集成的关键技术之一，可以实现计算机集成制造系统的四个功能系统间的信息在计算机网络上的传递、转换和共享。目前，常用的网络标准是由 ISO 制定的开放系统互联参考模型。为实现异构环境下的信息集成，所需要解决的主要问题之一就是不同通信协议的共存及向开放系统互联参考模型的过渡。开放系统互联参考模型是规定信息处理系统互联、通信和协调动作的一系列标准的统称。开放系统互联参考模型体系结构有七层，从低到高分别为物理层、数据链路层、网络层、运输层、会话层、表示层和应用层。

数据库系统是又一支撑系统，计算机集成制造系统的系统信息都要在统一格式的数据库系统中进行存储和调用，以满足系统间信息的交换和共享。计算机集成制造系统中的信息按企业经营活动的对象类型可分为资源信息、产品信息、生产计划信息、工艺信息及组织管理信息等。该数据库系统通常采用集中与分布相结合的三层体系结构，以保证数据的安全性、一致性和易维护性等。这三层体系分为主数据管理系统、分布数据管理系统和数据控制系统。

计算机集成制造系统具体是由计算机辅助设计（CAD）、计算机辅助制造（CAM）、计算机辅助工艺规划（CAPP）、计算机辅助质量控制系统、管理信息系统、制造资源计划系统、企业资源计划系统，以及工程设计自动化系统、制造自动化系统组成的。

（一）CAD

CAD 包括产品结构的设计、定型产品的变型设计及模块化结构的产品设计。软件有计算机绘图、有限元分析、计算机造型、优化设计、动态分析与仿真等软件。

（二）CAM

CAM 通常可用于进行刀具路径的规划、刀位文件的生成、刀具轨迹仿真以及 NC 代码的生成等。

（三）CAPP

CAPP 可用于进行毛坯设计、加工方法选择、工序设计、工艺路线制定和工时定额计算等，其中工序设计又包含装夹设备的选择或设计、加工余量的分配、切削用量的选择，以及机床、刀具和夹具的选择、必要的工序图生成、工艺文件的生成等。CAPP 是从产品设计到制造的转换过程，是 CAD/CAM 集成的关键环节，同时它也是计算机集成制造系统中设计信息与物料信息的"交汇点"。它与生产计划、车间控制有紧密联系，是工程设计自动化系统与其他系统交换信息的主要信息源和信息处理核心。相对于商品化、通用化程度较高的 CAD 和 CAM，目前适应面广的通用型 CAPP 软件稀缺，还有待进一步研究和开发。

随着人们对产品的要求不断提高，市场竞争也日益激烈，企业的一切活动都开始转到以用户要求为核心的四项指标 TQCS 的竞争上。其中 T 是 Time，指缩短产品制造周期，使新产品提前上市，提早交货；Q 是 Quality，指提高产品质量；C 是 Cost，指降低产品成本；S 是 Service，指提供良好的咨询和售后服务。

（四）计算机辅助质量控制系统

计算机辅助质量控制系统又称为集成质量系统，主要为企业提供先进的、高效的手段和有力的支持工具，它使企业能更有效地实现全面质量管理。计算机辅助质量控制系统除了具有直接实施检测的功能外，它的重要任务是采集、存储和处理企业的质量数据，并以此为基础进行质量分析、评价、控制、规划和决策。

计算机辅助质量控制系统的功能包括以下几点。

（1）质量计划制订，包括生成零件的检测规程和规范、生成检测器具需求计划、制订进货检测计划及生成检测程序等。

（2）质量检测，包括质量数据的采集和存储、检测器具的定期鉴定。

（3）质量评价与控制，包括外购和外协质量评价，加工工序质量评价与控制、产品设计质量评价，零件加工过程质量跟踪，各类不良品的处理信息管理，以及从装配到试验、装箱过程中的质量评价。

（4）质量综合信息管理，包括使用过程中产品质量分析、质量成本分析、企业质量综合指标统计与分析、质量报表生成及质量综合查询、质量文档管理及质量检验人员档案等。

（5）管理信息系统，管理信息系统的功能是多方面的，一般有生产预测、销售管理、物资供应、主生产计划、财务管理、成本核算、库存管理、人事管理、设备管理、经营与生产规划、物料需求计划、能力需求计划、技术和生产数据管理等。

（6）制造资源计划系统，它是以物料需求计划为核心，对生产、物料、销售、财务、会计和成本等方面实行优化管理的计划，即对资金、设备、人力和时间等资源进行估计和预测的管理计划。物料需求计划则是根据主生产计划、产品物料清单、库存清单、采购清单及未交付订单等资料，将计算出的物料需求量与组件生产进度表联系起来的优化技术。制造资源计划系统可使计划做到既不出现短缺又不造成库存积压，从而解决物料需求与供给的矛盾问题。

（7）工程设计自动化系统，它覆盖了产品设计的全过程，包括产品的概念设计、工程与结构分析、详细设计、工艺设计与数控编程等，通常分为CAD、CAPP 和 CAM 三部分。

（8）制造自动化系统，它是在计算机的控制与调度下，按照 NC 代码将毛坯加工成合格的零件，进而装配成部件及产品，完成生产管理指定的任务，并将制造现场的不同信息实时地或经过初步处理后反馈到相应部门，涉及加工制造的许多环节。制造自动化系统的目标是实现多品种、中小批量产品制造的柔性自动化，产品的制造过程应包括加工、装配、检验等各生产阶段；实现优质、低成本、短周期及高效率生产，提高企业的市场竞争能力；为作业人员创造舒适而安全的劳动环境。制造自动化系统包括以下四方面。

①车间、单元、工作站的作业调度与监控。

②刀具、夹具、模具、加工设备、仓库、物料传递工具、清洗工具及测量设备等的管理与控制。

③物流系统的调度与监控等。

④质量控制系统。

三、计算机集成制造系统的发展趋势

目前，信息技术发展迅速，为各个领域的发展都带来了很大影响，制造业也不例外。信息技术的发展为现代制造技术提供了内在的发展动力，从而使制造业市场的需求得到满足，并提升了企业的市场竞争力。计算机集成制造系统的发展趋势将在以下八个方面突出体现。

（一）以数字化为发展核心

数字化将在未来的世界中所向披靡，它不仅在信息化发展中占据着核心地位，同时还在计算机集成制造系统的发展中占据核心位置。相较于模式化处理，信息的数字化处理有三个极为突出的优势：信息精确、安全且容量非常大。数字化制造简单来说就是在制造领域实现数字化，这是制造技术、网络技术、计算机技术和管理科学不断融合、交叉、应用的结果。同时也是未来制造系统和

生产系统发展的必由之路。数字化制造包括三个主要部分：一是以控制为中心，二是以设计为中心，三是以管理为中心。

（二）以精密化为发展关键

精密化具有两层含义：一是对零件或产品的精度具有越来越高的要求。二是对零件或产品的加工精度具有越来越高的要求。"精"是指加工精度及其发展，精密加工、细微加工、纳米加工等，尤其是纳米加工，不仅可以保证产品的精度要求，还能使产品的性能得到一定程度的改善。

（三）以突出极端条件为发展焦点

"极"就是极端条件，指在极端条件下工作的或者有极端要求的产品，也是指这类产品的制造技术有"极"的要求。例如，在高温、高压、高湿、强磁场和强腐蚀等条件下工作，或有高硬度、大弹性等要求，或在几何形体上极大、极小、极厚、极薄、奇形怪状。显然，这些产品都是科技前沿的产品，其中包括微机电系统。可以说，"极"是前沿科技或前沿科技产品发展的一个焦点。

（四）以自动化为发展前提

这里所说的自动化就是使人的劳动强度降低、能够取代人类劳动的技术手段。要想实现自动化，必定离不开工具或者机械。机械承载着自动化技术，自动化从最初的自动调节、控制、辨识等逐渐发展到自学习、自维护、自修复等更高层次的自动化水准，现在的自动控制水平和内涵是以前无法企及的，对理论、技术的控制和对系统、元件的控制都得到了很大程度的发展。制造业自动化的发展不仅使人的体力劳动得到了解放，还使人的脑力劳动也得到了一定程度的解放。所以，自动化为现代制造技术进步的前提。

（五）以集成化为发展方法

所谓集成化，一是技术的集成，二是管理的集成，三是技术与管理的集成。其本质是知识的集成，即知识表现形式的集成。现代集成制造技术就是制造技术、信息技术、管理科学与有关科学技术的集成。"集成"就是"交叉"，就是"杂交"，就是取人之长，补己之短。

（六）以网络化为发展道路

网络化是现代集成制造技术发展的必由之路，制造业走向整体化、有序化，这同人类社会发展是同步的。网络化取决于两个因素，一个是生产组织改革的需求，另一个是生产技术进步的可能。之所以会这样，是因为在市场竞争中，制造业在多个方面都面临着压力，如采购成本增加、市场需求变化、产品不断更新、全球制造业带来挑战等。如果一个企业想防止传统生产组织带来的诸多问题的发生，就要在生产组织上进行深刻的改革，这样的改革要从两方面着手：第一，在产品设计、制造、生产管理等工作中，以及在整个业务流程中，要通过网络充分利用有用的资源，也就是对制造资源进行高效利用和有机整合；第二，当制造过程呈现网络化、分散化的特点时，企业要集中精神将全部的力量用在自己的核心业务当中。随着计算机、网络技术的进步，这种改革将会成为现实。

（七）以智能化为发展前景

制造技术发展的前景就是实现智能化。智能制造模式以智能制造系统为基础。智能制造系统不仅是技术与智能集合在一起形成的应用环境，同时还承载着智能制造模式。制造技术的智能化突出了在制造诸环节中以一种高度柔性与集成的方式，借助计算机模拟的人类专家的智能活动，进行分析、判断、推理、构思和决策，取代或延伸制造环境中人的部分脑力劳动。同时，收集、存储、处理、完善、共享、继承和发展人类专家的制造智能。目前，尽管智能化制造道路还很漫长，但是它必将成为未来制造业的主要生产模式之一。

（八）以绿色制造为发展趋势

"绿色"一词是从环保领域引用的。实际上，人以及人类社会都属于大自然的组成部分，部分是离不开整体的，部分更不可以破坏整体或者与整体形成对抗关系。所以，人类必须通过自身的努力使人和人类社会的各个方面都和大自然形成和谐共处的关系，制造技术也是一样的。

在制造业向全球化、网络化、集成化和智能化发展的过程中，标准化技术（STEP、EDI 和 P–LIB 等）已显得越来越重要，它是信息集成、功能集成、过程集成和企业集成的基础。

第五节　工业机器人

一、工业机器人的主要组成部分

工业机器人是整个制造系统自动化的关键环节之一，是机电一体化的高新技术产物。工业机器人是一种可以搬运物料、零件、工具或实现多种操作功能的专业机械装置。

工业机器人一般由执行系统、驱动系统、控制系统、传感系统和输入/输出系统等组成。

（一）执行系统

执行系统是工业机器人为完成抓取工具（或工件）任务，实现所需各种运动的机构部件，是一组与人的手和脚功能相似的机械机构，又称操作机，工业机器人的执行系统一般包括以下几部分。

1.手部

手部又称抓取机器或夹持器或终端效应器，用于直接抓取工件或工具。在手部可安装某些专用工具，如焊枪、喷枪、电钻或电动螺钉（母）拧紧器等，这些是专用的特殊手部。工业机器人所用手部有机械式、真空式、磁力式及黏附式手爪。

2.腕部

腕部是连接手部与臂部的部件,用以支撑和调整末端执行器(手部)的姿态,确定物件的姿态（方向）。

3.臂部

臂部是支撑腕部和手部的部件，由操作机的动力关节和连接杆件等构成。用以承受工件、夹具等的载荷，改变它们的空间位置并将它们送至预定位置。

4.机身

机身又称为立柱，是支撑臂部的部件，用以扩大臂部的活动范围。

5.机座及行走机构

机座及行走机构是支撑整个工业机器人的基础件，用以确定或改变整台机器人的位置。

（二）驱动系统

驱动系统是机器人执行作业的动力源，按照控制系统发出的控制指令驱动执行机构完成规定的作业。常用的驱动系统有以下四种。

1.液压驱动系统

液压驱动系统通常由液压机（各种油缸、油马达）、伺服阀、油泵及油箱等组成，由此驱动机器人的执行机构进行工作。它通常具有很大的抓举能力（高达几百千克），其特点是结构紧凑、动作平稳、耐冲击、耐振动、防爆性好、但液压元件要求有较高的制造精度和密封性能，一旦漏油将污染环境。

2.气压驱动系统

气压驱动系统通常由气缸、气阀、气罐和空压机组成，其特点是气源方便、动作迅速、结构简单、造价较低、维修方便，但难以进行速度控制，气压不可太高，故抓举能力较弱。

3.电力驱动系统

电力驱动是目前机器人使用最多的一种驱动方式。其特点是电源方便，响应快，驱动力较大（关节型的持重已达 400 kg），信号检测、传递、处理方便，并可以采用多种灵活的控制方案。驱动电动机一般采用步进电动机、直流伺服电动机以及交流伺服电动机，其中交流伺服电动机为目前主要的驱动形式。由于电动机速度快，通常需采用减速机构（谐波传动、RV 摆线针轮传动、齿轮和多杆机构等）。目前，有些机器人已开始采用无减速机构的大转矩、低转速电动机进行直接驱动，这既可以简化机构，又可以提高控制精度。

4.混合驱动系统

该系统主要包括液 – 气、电 – 液和电 – 气混合驱动系统。

（三）控制系统

控制系统是工业机器人的指挥系统，它控制驱动系统，让执行机构按照规定的控制指令进行工作。它就像人脑一样，对机器人的所有行为进行控制，同时还会记下人类的示教指令，如运动的轨迹、动作的顺序、运动的速度等，对记住的示教信息进行重现。控制系统对工业机器人的性能以及功能起决定性作用。一个好的控制系统不仅在操作方式上是方便且灵活的，同时控制方式还具备多种形式，并且安全可靠。

（四）传感系统

为了使工业机器人正常工作，必须让机器人与周围环境保持密切联系，除了关节伺服驱动系统的位置传感器（称作内部传感器）外，还要配备视觉、力觉、触觉、接近觉等多种类型的传感器（称作外部传感器）以及传感信号的采集处理系统。

（五）输入/输出系统

为了与周边系统及相应操作进行联系与应答，还应有各种通信接口和人机通信装置，工业机器人提供了内部 PLC，它可以与外部设备相连，完成与外部设备间的逻辑与实时控制。一般还有一个以上的串行通信接口，用以完成磁盘数据存储、远程控制及离线编程、双机器人协调等工作。新型机器人还包括语音合成和识别技术以及多媒体系统，可以实现人机对话。

二、工业机器人的常用运动学构形

（一）笛卡尔操作臂

笛卡尔操作臂的侧视图和俯视图如图 5-13 所示。

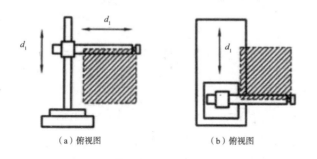

（a）俯视图　　　　　　　　（b）俯视图

图 5-13　笛卡尔操作臂

笛卡尔操作臂的优点为易于通过计算机实现控制，精度高；缺点为妨碍工作，且占地面积大，运动速度低，密封性不好。其应用范围如下。

（1）适用于焊接、搬运、上下料、包装、码垛、拆垛、检测、探伤、分类、装配、贴标、喷码、打码、软仿形喷涂、目标跟随、排爆等一系列工作。

（2）特别适用于多品种、变批量的柔性化作业，对于提高产品质量、提高劳动生产率、改善劳动条件和加快产品的更新换代有着十分重要的作用。

（二）铰链型操作臂（关节型）

关节型机器人的关节全都是旋转的，类似人的手臂，是工业机器人中最常见的类型。铰链型操作臂的侧视图和俯视图如图5-14所示。它的应用范围很广，主要包括以下几方面。

（1）汽车零配件、模具、钣金件、塑料制品、运动器材、玻璃制品、陶瓷等的快速检测及产品开发。

（2）车身装配、通用机械装配时控制制造质量的三坐标测量及误差检测。

（3）古董、艺术品、雕塑、卡通人物造型、人像制品等的快速原型制造。

（4）汽车整车现场测量和检测。

（5）人体形状测量、骨骼等医疗器材制作、人体外形制作、医学整容等。

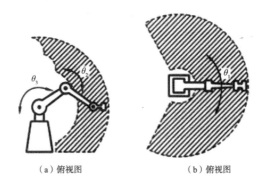

（a）俯视图　　　　　　　　　（b）俯视图

图5-14　铰链型操作臂

（三）SCARA 操作臂

SCARA 操作臂（选择顺应性装配机器手臂）的侧视图和俯视图如图5-15所示。SCARA 机器人常用于装配作业，最显著的特点是它们在 xOy 平面上的运动具有较大的柔性，而沿 z 轴具有很强的刚性。这种机器人大量用于装配印刷电路板和电子零部件，以及用于塑料工业、汽车工业、电子产品工业、药品工业和食品工业等领域。

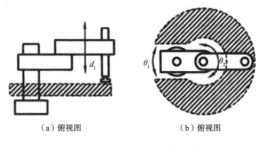

（a）俯视图　　　　　　　　　（b）俯视图

图5-15　SCARA 操作臂

（四）球面坐标型操作臂

球面坐标型操作臂的侧视图和俯视图如图 5-16 所示，其特点为中心支架附近的工作范围大，两个转动驱动装置容易密封，覆盖工作空间较大。但该坐标复杂，难于控制。

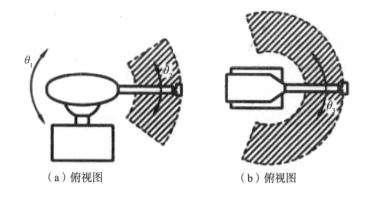

（a）俯视图　　　　　　　　　　（b）俯视图

图 5-16　球面坐标型操作臂

（五）圆柱面坐标型操作臂

圆柱面坐标型操作臂的侧视图和俯视图如图 5-17 所示，其优点为计算简单，直线驱动部分可采用液压驱动，可输出较大的动力，能够伸入型腔式机器内部；缺点为它的手臂可以到达的空间受到限制，不能到达近立柱或近地面的空间，直线驱动部分难以密封、防尘，后臂工作时手臂后端会碰到工作范围内的其他物体。

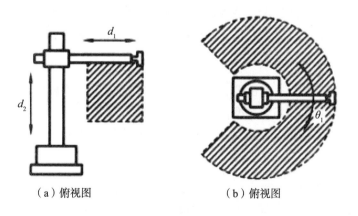

（a）俯视图　　　　　　　　　　（b）俯视图

图 5-17　圆柱面坐标型操作臂

（六）冗余机构

通常空间定位需要 6 个自由度，利用附加的关节可以帮助机构避开奇异位形，图 5-18 为 7 自由度操作臂位形。

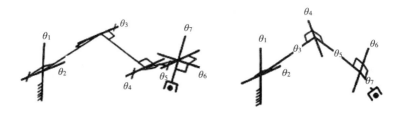

图 5-18 7 自由度操作臂位形

（七）闭环结构

闭环结构可以提高机构刚度，但会减小关节运动范围，工作空间有一定减小，主要包括以下几方面：①运动模拟器；②并联机床；③微操作机器人；④力传感器；⑤生物医学工程中的细胞操作机器人，可实现细胞的注射和分割；⑥微外科手术机器人；⑦大型射电天文望远镜的姿态调整装置；⑧混联装备等，如 SMT 公司的 Tricept 混联机械手模块是基于并联机构单元的模块化设计的成功典范。

三、机器人的主要技术参数

机器人的技术参数反映了机器人可胜任的工作、具有的最高操作性能等情况，是设计、应用机器人必须考虑的问题。机器人的主要技术参数有自由度、关节、工作空间、工作速度、工作载荷、分辨率和重复定位精度等。

（一）自由度

机器人的自由度是指机器人具有的独立坐标轴运动的数目，即确定机器人手部在空间的位置和姿态时所需要的独立运动参数的数目，手指的开、合和手指关节的自由度一般不包括在内。机器人的自由度一般等于关节数目，常用的自由度一般不超过 5～6 个。

（二）关节

关节即运动副，指允许机器人手臂各零件之间发生相对运动的机构。

（三）工作空间

工作空间是指机器人手臂或手部安装点所能达到的所有空间区域，其形状取决于机器人的自由度和各运动关节的类型与配置。机器人的工作空间通常用图解法和解析法进行表示。

（四）工作速度

工作速度是指机器人在工作载荷条件下、匀速运动过程中，机械接口中心或工具中心点在单位时间内所移动的距离或转动的角度。

（五）工作载荷

工作载荷是指机器人在工作范围内任何位置上所能承受的最大负载，一般用质量、力矩、惯性矩表示。工作载荷还和运行速度及加速度大小方向有关，一般将高速运行时所能抓取的工件质量作为承载能力指标。

（六）分辨率

分辨率是指能够实现的最小移动距离或最小转动角度。

（七）重复定位精度

重复定位精度是指机器人重复到达某一目标位置的差异程度，或在相同位置指令下，机器人连续重复若干次居其位置的分散情况。它用来衡量一列误差值的密集程度，即重复度。图 5-19 为重复定位精度（重复定位精度是 0.2 mm）示意图。

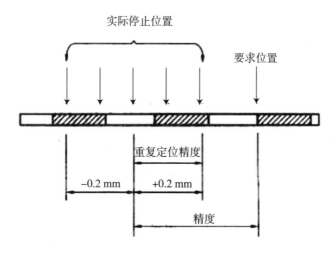

图 5-19　重复定位精度示意图

四、工业机器人在机械制造中的应用

在我国的机械制造行业中，工业机器人的应用十分广泛，具体来说，包括搬运、喷涂、焊接、装配、验收等。下面以汽车制造为例，具体分析工业机器人的应用。

（一）工业机器人应用于搬运

由于汽车制造业中的自动化机床都非常沉，汽车的零部件也很重，因此，在进行机床工件装卸和汽车零部件组合的过程中，很难采用人工的方式来工作，人在强压下工作困难，很难实现迅速准确的工件装卸。工业机器人能够准确地抓起所需的零部件，并且在不损坏零部件的基础上，对零部件进行精准移动。工业机器人的高效搬运能力，有效减少了人工操作带来的不便，提高了汽车制造的速度和效率。

工业机器人在工作过程中，完全根据用户端提供的指令进行操作。因此，可以在汽车制造过程中按照不同的工件形态和工件质量，对同一个机器人施加不同的工作指令。比如，当机器人举起较重的配件时，对机器人施加工作指令，要求它放缓移位速度，并运用数学计算方法计算最短位移，有效节约机器人的运作时间，提高机器人的运作效率。而当机器人举起比较轻的物体时，对机器人施加另一类型的指令，让机器人以较快的速度实现工业部件的移位。工作指令的选择与修改，能够保证工业机器人很好地完成搬运工作，使搬运工作在质量和效率上都得到提高。

（二）工业机器人应用于焊接

在汽车工业技术中，应用工业机器人最多的地方就是焊接。其中，以点焊技术和弧焊技术为主。由于汽车制造过程繁杂，每台汽车上有 4 000 个以上的焊点，这些焊点如果由人工完成，需要耗费大量的人力，并且浪费极长的生产加工时间。而如果把这些工作转交给工业机器人，点焊工业机器人可以在精准控制的情况下实现高速作业，确保汽车点焊的效率，同时还能够有效提高汽车设备的加工速度。在实施弧焊操作的时候，有弧焊机器人，它通过设置的工作路径，进行汽车制造辅助焊接，其焊接质量和效果相较于人工操作来说精细了很多。

（三）工业机器人应用于喷涂

在汽车制造工艺中，有大量的喷涂工作。其中，包括车身材料和零部件材料的喷涂。工业制造机器人可以通过自动化程序的设置，对车身表面进行匀称、快速的喷涂。同时，工业喷涂机器人能够准确地计算喷涂部位图像信息，使得喷涂的实际误差更小，标准尺寸更加精细化。如果汽车制造过程中的喷涂部分出现工艺问题，也可以用工业喷涂机器人验证改进的思路和方法。

（四）工业机器人应用于装配

在汽车的整体装配工作中，与其他的工业机器人相比，汽车专用装配机器人具有更高的专业化水平，其工作的准确程度也更高。同时，汽车专用装配机器人能够适应不同的工作环境，也能够根据任务需求的增加完成更多的工作。近年来，随着我国汽车制造业的迅速发展，汽车的各种零部件被大量地生产出来，很多零部件体积小巧、功能复杂，单纯的人工装配在精准度方面很难满足汽车装配的标准化要求，而且需要大量的时间。而汽车专用装配机器人能够更精准地进行汽车配件的装配，比如，车座电池装配、汽车车灯装配、汽车车窗装配、仪表装置分配与安装等。在安装过程中，汽车专用装配机器人能够有效地减少安装时潜在的误差，使汽车零部件安装起来后整体性更好。同时，汽车专用装配机器人的速度是人工无法媲美的，细小零部件的装配，人工操作难以进行，但对于汽车专用装配机器人而言，是极为简单的一个操作步骤，没有难度。

（五）工业机器人应用于验收

汽车制造完成之后，需要对汽车的各个零部件、整体的焊接工作以及外部的喷漆进行整体验收。在汽车真正投入销售市场之前，对其安全性能和质量水平进行科学验收非常重要，也非常有意义。由于汽车安全性能检验是一项危险系数非常高的工作，所以在验收的过程中，应尽量减少人力的投入，避免由于人工操作而引发意外事故。因此，使用工业机器人进行出厂前验收非常适合。工业机器人在汽车出厂前验收中，主要完成两项工作。第一项工作是检测汽车的控制功能，也就是检查汽车是否能够按照指定要求，进行自动控制，在这一工作中，工业机器人需要负责完成碰撞测试。当机器人被碰撞之后，能够看到汽车受到外力冲击之后发生的反应，从而确定汽车的控制安全性。第二项工作是检测汽车的图像传感功能。图像传感功能能够宏观控制汽车运作过程，当汽车内部受到冲击后，会把自身对应的状态传输给图像传感器，并能够把指定的图像一并传递给验收机器人。验收机器人通过对汽车传输的信息进行整合分析，并针对汽车潜在的问题进行系统调整，从而实现出厂前汽车在安全性方面的提升。

第六章　机械装配技术

第一节　机械装配概述

一、装配的概念

　　所谓装配就是按规定的技术要求，将零件、合件、组件和部件进行连接和配合，使之成为半成品或成品，并对其进行调试和检测的工艺过程。其中，把零件、组件装配成部件的过程称为部装；把零件、组件和部件装配成产品的过程称为总装。任何机器都是由许多零件、合件、组件和部件组成的。装配就是使零件、合件、组件和部件间获得一定相互位置关系的过程，机械装配过程示意图如图 6-1 所示。

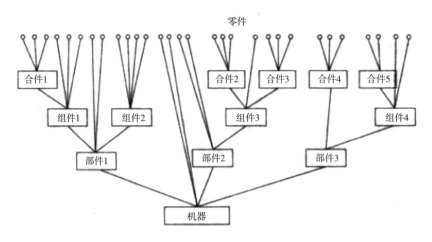

图 6-1　机械装配过程示意图

零件是构成机器和参加装配的基本单元，具有不可再分性。零件由整块的金属或其他材料加工制造而成。

合件是将若干零件永久连接（铆接、过盈配合等）或连接后再加工而成的套件，合件是比零件大一级的装配单元。

组件是若干零件的组合，或若干零件与若干合件的组合。比如，机床主轴箱中的主轴与其上的键、齿轮、垫片、轴套、轴承和调整螺母组成主轴组件，发动机的活塞、活塞环、连杆组成活塞连杆组件。

部件由若干组件、合件和零件组合而成，是机器能完成完整功能的一个组成部分，如车床的主轴箱。

机器生产的最后一个步骤就是装配。对装配工艺和精度进行研究、制定合理的装配规程和装配方法具有非常关键的作用，可以提高产品的生产效率，保证产品的质量，节省劳动力，减少生产资金的投入。如果装配环节出现问题，那么即便是生产的零件都没有问题，最终也不一定能装配出合格的产品；反过来讲，如果零件的制造精度有问题，但是在装配环节中采用了合理的装配工艺，进行了选配、修配等，那么最终装配出来的产品依然可以达到要求。

在装配环节中，产品设计、工艺、质量、装配规程等问题都会被暴露出来。因此，要重视装配过程，及时发现并处理这些问题，才能为最终产品的质量提供保障。

二、装配工作的基本内容

在装配过程中，不仅仅是把零件简单地连接在一起，还要按照部装、总装的工艺要求，对产品进行装配、调整、检验、包装等，其装配工作才算合格。常见装配工作的基本内容如下。

（一）清洗

清洗是为了除去附在零件外表或者部件内的污垢和机械杂质。对零件和部件进行清洗，可以使产品的装配质量得到一定的保障，同时对于产品的使用寿命也有着积极作用，特别是对于密封件、轴承以及具有特殊的清洗需求的部件。清洗有多种方法，如喷洗、擦洗等，清洗液也有很多种，如汽油、碱液等，零部件在经过清洗以后会产生一定的防锈效果。

（二）连接

把两个及以上的零件相结合的工作叫作连接。连接有两种方式，一种是可拆卸连接，另一种是不可拆卸连接。前者的特点是连接在一起的零件可以拆装，并且不会对零件造成损伤，这种连接比较常见的有销连接、螺纹连接等。后者必须至少对其中一个零件进行毁坏才能拆开，这样的连接常见的有焊接、过盈配合连接等，在轴、孔的连接中经常会用到过盈配合连接，通常会采用压入法，而对于一些精度要求较高或者比较重要的机械来说，经常会使用热胀法或冷缩法。

（三）校正、调整与配作

在产品装配环节中，特别是对于单件、小批量生产来说，并不是简单地将相关零件连接在一起就可以达到装配的精度要求，还要对产品进行校正、调整、配作。

校正就是在装配过程中通过找正、找平及相应的调整工作来确定相关零件的相互位置关系。比如，卧式车床总装时床身导轨安装水平及前后导轨在垂直平面内的平行度（扭曲）的校正、车床主轴与尾座等高性的校正、水压机立柱垂直度的校正等。校正时常用的工具有平尺、角尺、水平仪、光学准直仪，以及相应的检验棒、过桥等。

调整就是调节相关零件的相互位置，除配合校正所做的调整之外，还有各运动副间隙，如轴承间隙、导轨间隙、齿轮齿条间隙等的调整。

配作是指配钻、配铰、配刮、配磨等在装配过程中所附加的一些钳工和机械加工工作。比如，连接两零件的销钉孔，就必须待两零件的相互位置找正确定后再一起钻铰销钉孔，然后打入定位销钉。这样才能确保其相互位置正确。

校正、调整、配作虽有利于保证装配精度，但会影响生产效率，且不利于流水装配作业。

（四）平衡

对于转速高、运转平稳性要求高的机器（精密磨床、内燃机、电动机等），为了防止在使用过程中因旋转零件质量不平衡产生的离心惯性力而引起振动，装配时必须对有关旋转零件进行平衡，必要时还要对整机进行平衡。

平衡的方法分静平衡和动平衡，对于长度比直径小很多的圆盘类零件一般采用静平衡，而对于长度较大的零件，如机床主轴、电机转子等，则要采用动平衡。平衡的具体方法有下以几种。

（1）加重法，用补焊、粘接、螺纹连接等方法加配质量。

（2）减重法，用钻、锉、铣、磨等加工方法去除质量。

（3）调节法，在预制的槽内改变平衡块的位置和数量。

（五）验收试验

机械产品装配完成后，出厂前应根据产品的有关技术标准和规定进行全面的检验和试验，验收合格后方可出厂。各类产品的验收试验内容及方法有很大差别，一般机械的验收试验内容有精度检验，包括几何精度检验和工作精度检验，还有试车，包括空运转试验、负荷试验和超负荷试验等。下面以金属切削机床为例，具体分析验收试验的主要内容。

金属切削机床验收试验的主要内容如下。

（1）按机床精度标准全面检查机床的几何精度，包括相对运动精度（溜板在导轨上的移动精度、溜板移动对主轴轴线的平行度等）和相互位置精度（距离精度、同轴度、平行度、垂直度等）。

（2）几何精度检验合格后进行空运转试验，即在不加负荷的情况下，使机床完成设计规定的各种运动。对变速运动需逐级或选择低、中、高三级转速进行运转，在运转中检验各种运动及各种机构工作的准确性和可靠性，检验机床的振动、噪声、温升及其电气、液压、气动、冷却润滑系统的工作情况等。

（3）进行机床负荷试验，即在规定的切削力、扭矩及功率的条件下使机床运转，在运转中所有机构应工作正常。

（4）进行机床工作精度试验，如对车床检查所车螺纹的螺距精度、外圆的圆度及圆柱度，以及所车端面的平面度等。

（六）涂装、涂油及包装

机械产品的涂装主要是喷漆，涂油即油封，包装是使装配后的产品美观、防锈和便于运输。

三、装配的组织形式

（一）根据生产类型和产品的复杂程度分类

在装配过程中为适应不同的生产类型，并且根据产品的复杂程度，装配组织形式可分为以下四种。

1. 单件生产的装配

单个制造不同结构的产品，并很少重复，甚至完全不重复，这种生产方式称为单件生产。单件生产的装配工作多在固定的地点，由一个工人或一组工人，从开始到结束进行全部的装配工作。

2.成批生产的装配

在特定的时间内成批制造一样的产品，这样的产品生产方式就叫作成批生产。在进行成批生产时，装配工作可分为部件装配和总装配，一个工人或一组工人去完成一个部件，再进行总装配，机床装配就属于这种类型。对于大件的装配，则需要几组工人共同操作完成，这样的装配时间比较久，而且占用的空间很大，要借助很多设备与工具才能完成，同时，操作的工人也要掌握比较全面的技能。

3.大量生产的装配

产品制造量很大，一个工作地点可能要重复一道工序，同时其节奏也极为严格，这样的生产方式叫作大量生产。产品的装配过程在大量生产中被划分成两种装配，一是部件装配，二是组件装配，由一个工人或者一组工人完成某一道工序。只有所有的装配工人都按照顺序完成了装配工作后，才可以装配出产品。在此过程中，工人们会有条不紊地将工作组件或者部件进行转移。这样的转移可能是组件的转移，也可能是工人的转移，这样的装配形式被称为流水装配法。在此装配过程中，会在装配线上的各个位置进行相同的多倍的操作，以确保装配的连续性。由于大量生产会坚持互换性原则，同时装配工作呈工序化，所以装配质量好，成本低，且效率也高，所以流水装配法是一种很不错的装配组织形式。

4.现场装配

现场装配分为两种类型，第一种是在现场对部分零部件进行制造、调整以及装配。这里的部分零部件是已经加工好的，还有一部分零部件则要根据现场尺寸要求在现场进行加工，加工完毕后再进行现场装配。第二种是与其他现场设备有直接关系的零部件必须在工作现场进行装配。比如，减速器的安装就包括减速器与电动机之间的联轴器的现场校准，以及减速器与执行元件之间的联轴器的现场校准，以保证它们之间的轴线在同一条直线上。①

（二）根据工作地的组织方式分类

1.固定式装配

固定式装配是指产品或部件的全部装配工作都安排在某一固定装配工作地点进行的装配，在装配过程中产品的位置不变，需要装配的所有零部件都汇集在工作地点附近。

---

① 徐兵.机械装配技术[M].北京：中国轻工业出版社，2014：4.

固定式装配适用于单件、小批量、中批量生产，特别是质量大、尺寸大、不便移动的重型产品或者因刚性差移动会影响装配精度的产品。

根据装配地点的集中程度与装配工人流动与否，又可将固定式装配分为以下三种。

（1）集中固定式装配。产品的全部装配工作由一组工人在一个工作地点集中完成。

特点是占用的场地、工人数量少；对工人技术要求全面；效率低，多用于装配单件、小批量较简单的产品。

（2）分散固定式装配。产品的全部装配过程分解为部装和总装，分别在不同的工作地点由不同组别的工人进行装配，又称多组固定式装配。

特点是占用场地、工人数量较多；对工人技术要求低，易于实现现代化；装配周期较短，适用于装配成批、较复杂的产品，如机床的装配。

（3）固定式流水装配。将固定式装配分成若干个独立的装配工序，分别由几组工人负责，各组工人按工艺顺序依次到各装配地点对固定不动的产品进行本组所担负的装配工作。

特点是工人操作专业化程度高、效率高、质量好；占用场地大、工人多，管理难度大；装配周期更短，适合产品结构复杂、尺寸庞大的产品批量生产，如飞机的装配。

2. 移动式装配

移动式装配是指零部件按装配顺序从一个装配地点移动到下一个装配地点，各装配地点的工人分别完成各自承担的装配工序，直至在最后一个装配地点完成全部装配工作的装配。其特点是装配工序分散，在每个装配工作地重复完成固定的装配工序，采用专用设备及专用夹具，生产率高，但对装配工人的技术水平要求不高。因此，移动式装配常组成流水作业线或自动装配线，适用于大批量生产，如汽车、柴油机、仪表和家用电器等产品的装配线。

移动式装配分为自由移动式装配和强制移动式装配。

（1）自由移动式装配。零部件由人工或机械运输装置传送，各装配地点完成装配的时间无严格规定，产品从一个装配地点传送到另一个装配地点的节拍是自由的，此装配多用于多品种产品的装配。

（2）强制移动式装配。在装配过程中，零部件用传送带或传递链连续或间歇地从一个工作地移向下一个工作地，在各工作地进行不同的装配工序，最后完成全部装配工作，传送节拍有严格要求。其移动方式有连续式和间歇式两种，前者，工人在产品移动过程中进行操作，装配时间与传送时间重合，生产率高，但操作条件差，装配时不便检验和调整；后者，工人在产品停留时间内操作，易于保证装配质量。

第二节　常用装配技术

一、可拆连接的装配技术

可拆连接有螺纹连接、键连接、花键连接和圆锥面连接，其中螺纹连接应用最广。

（一）螺纹连接的装配技术

1.螺纹连接的装配要点

装配中，广泛地应用螺栓、螺钉（或螺柱）与螺母来连接零部件，具有拆装、更换方便，易于多次拆装等优点。常见的螺纹连接类型如图 6-2 所示。其装配要点主要包括螺栓和螺母正确地旋紧，螺栓和螺钉在连接中不应有歪斜和弯曲的情况，锁紧装置可靠，被连接件应均匀受压，互相紧密贴合，连接牢固。螺纹连接应做到用手能自由旋入，拧得过紧将会降低螺母的使用寿命和在螺栓中产生过大的应力；拧得过松则受力后螺纹会断裂。为了使螺纹连接在长期工作中能保证结合零件稳固，必须给予一定的拧紧力矩。

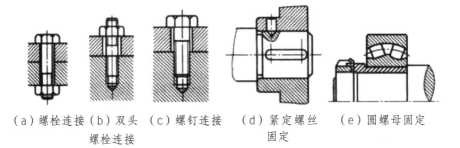

（a）螺栓连接（b）双头　（c）螺钉连接　　（d）紧定螺丝　　（e）圆螺母固定
　　　　　　螺栓连接　　　　　　　　　　　　固定

图 6-2　常见螺纹连接类型

普通螺纹材料为 35 钢，经过正火，其拧紧扭矩见表 6-1。对于材料为 Q235、Q255、Q275 和 45 钢（经过正火）的螺栓、螺钉（或螺柱）或螺母，应将表中数值分别乘以系数 0.75、0.8、0.9 和 1.1。

表 6-1　普通螺纹的拧紧扭矩

螺纹直径/mm	M6	M8	M10	M12	M14	M16	M18	M20	M22	M24	M27	M30	M36
拧紧扭矩/(N·m)	4	9.5	18	32	51	80	112	160	220	280	410	550	970

按螺纹连接的重要性，分别采用以下几种方法来保证螺纹连接的拧紧程度。

（1）测量螺栓伸长法。用百分表或其他测量工具来测定螺栓的伸长量，从而测算出夹紧力，其计算公式为

$$F_0 = \frac{\lambda}{l} ES$$

式中：F_0——夹紧力；

λ——伸长量，mm；

l——螺栓在两支持面间的长度；

E——螺栓材料的弹性模量；

S——螺栓的截面积。

螺栓中的拉应力 $\sigma = \frac{\lambda}{l} E$ 不得超过螺栓的许用拉应力。

（2）扭矩扳手法。为使每个螺钉或螺母的拧紧程度较为均匀一致，可使用扭矩扳手和预置式扳手，可事先设定（预置）扭矩值，拧紧扭矩调节精度可达 5%。

（3）使用具有一定长度的普通扳手。根据普通装配工能施加的最大扭矩（一般为 400～600 N·m）和正常扭矩（200～300 N·m）来选择适宜长度的扳手，从而保证一定的拧紧扭矩。

螺纹连接可分为一般紧固螺纹连接和规定预紧力的螺纹连接，前者无预紧力要求，连接时可采用普通扳手、风动或电动扳手拧紧螺母，后者有预紧力要求，连接时可采用扭矩扳手等拧紧螺母，其技术要求具体如下。

（1）紧固时严禁使用不合适的旋具与扳手。紧固后螺钉槽、螺栓头部不得有损伤。

（2）保证一定的拧紧力矩。为达到螺纹连接可靠和紧固的目的，装配时应有一定的拧紧力矩，使螺纹牙间产生足够的预紧力。有拧紧力矩要求的紧固件应采用力矩扳手紧固。

（3）用双螺母时，应先装薄螺母后装厚螺母。

（4）保证螺纹连接的配合精度。

（5）螺钉、螺栓和螺母拧紧后，一般螺钉或螺栓应露出螺母 1～2 个螺距。沉头螺钉拧紧后钉头不得高出沉孔端面。

（6）有可靠的防松装置。螺纹连接一般都具有自锁性，在静载荷作用下和工作温度变化不大时，不会自行松脱，但在冲击、振动或交变载荷作用下及工作温度变化很大时，螺纹牙间的正压力会突然减小，使螺纹连接松动。为避免此类情况的发生，螺纹连接应有可靠的防松装置。

2. 弹性挡圈的装配技术

弹性挡圈用于防止轴或其上零件的轴向移动，分为轴用弹性挡圈（图 6-3）和孔用弹性挡圈（图 6-4）。

（a）平弹性挡圈　　　　　　　　（b）锥面弹性挡圈

图 6-3　轴用弹性挡圈

图 6-4　孔用弹性挡圈

在装配过程中，将弹性挡圈装至轴上时，挡圈将张开；而将其装入孔中时，挡圈将被挤压，从而使弹性挡圈承受较大的弯曲应力（图 6-5）。因此，在装配和拆卸弹性挡圈时应注意以下几点。

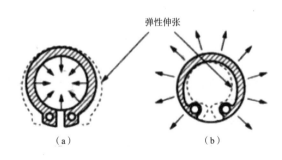

图 6-5　弹性挡圈的弹性

（1）在装配和拆卸弹性挡圈时，应使其工作应力不超过其许用应力，即弹性挡圈的张开量或挤压量不得超出其许可变形量，否则会导致挡圈的塑性形变，影响其工作的可靠性。

（2）为了简化弹性挡圈的拆装，可以采用一些专用工具，如弹性挡圈钳或具有锥度的心轴和导套等。弹性挡圈钳又称卡簧钳，规格按长度分 125 mm、175 mm 和 225 mm 三种。轴用和孔用弹性挡圈钳均有直头和弯头两种，安装时最好在弹性挡圈钳上装上可调的止动螺钉，防止弹性挡圈在装配时过度变形。

（3）在装配沟槽处于轴端或孔端的弹性挡圈时（图 6-6），应将弹性挡圈的两端 1 先放入沟槽内，然后将弹性挡圈的其余部分 2 沿着轴或孔的表面推进沟槽，使挡圈的径向扭曲变形最小。

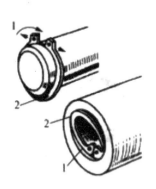

图 6-6　弹性挡圈装配图

（4）在安装前应检查沟槽的尺寸是否符合要求，同时应确认所用的弹性挡圈与沟槽具有相同的规格尺寸。

（二）键、花键和圆锥面连接的装配技术

键连接是可拆连接的一种，它又分为平键、楔形键和半圆键连接三种。采用这些连接装配时，应注意以下几点。

（1）键连接尺寸按基轴制制造，花键连接尺寸按基孔制制造，以便适合各种配合的零件。

（2）大尺寸的键和轮毂上的键槽通常采用修配装配法，修配精度可用塞尺检验，大批量生产中键和键槽不宜修配装配。

（3）在楔形键配合时，把套与轴的配合间隙减小至最低限度，以消除装配后的偏心度，如图6-7所示。

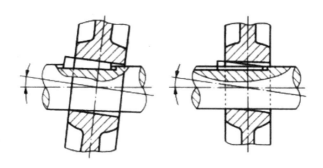

图6-7　键连接的零件在安装楔形键后的位移

（4）花键连接能保证配合零件获得较高的同轴度，其装配形式有滑动、紧滑动和固定三种。固定配合最好用加热压入法，不宜用锤击法，加热温度在 $80 \sim 120$ ℃。套件压合后应检验跳动误差，重要的花键连接还要用涂色法检验。

（5）圆锥面连接的主要优点是装配时可轻易地把轴装到锥套内，并且定心精度较好。装配时，应注意锥套和轴的接触面积以及轴压入锥套内所用的压力大小。

二、不可拆连接的装配技术

不可拆连接的特点是连接零件不能相对运动，当拆开连接时，将损伤或破坏连接零件。

属于不可拆连接的有过盈连接、焊接连接、铆钉连接、黏合连接和滚口及卷边连接。下面主要分析过盈连接装配技术。

过盈连接通过包容件（孔）和被包容件（轴）配合后的过盈量达到紧固连接。过盈连接之所以能传递载荷，原因在于零件具有弹性和连接具有装配过盈。

装配后包容件和被包容件的径向变形使配合面间产生很大的压力，工作时载荷就靠着相伴而生的摩擦力来传递。

（一）过盈连接的装配技术

为保证过盈连接的正确性和可靠性，相配零件在装配前应清洗干净，并具有较低的表面粗糙度和较高的形状精度；位置要正确，不应歪斜；实际过盈量要符合要求，必要时测出实际过盈量，分组选配；合理选择装配方法。

常用的装配方法主要有压入法、热胀法、冷缩法、液压套合法等。

1. 压入法

可用手锤加垫块敲击压入或用压力机压入，适用于配合精度要求较低或配合长度较短的场合，多用于单件、小批量生产，其装配工艺要点如下。

（1）压入过程应平稳并保持连续，速度不宜太快，一般压入速度为 2～4 mm/min，并能按结构要求准确控制压入行程。

（2）压装的轴或套引入端应有适当导锥（通常约为 10°）。压入时，特别是开始压入时必须保持轴与孔中心一致，不允许有倾斜现象。

（3）将实心轴压入盲孔时，应在适当部位安装排气孔或槽。

（4）压装零件的配合面除有特殊要求外，在压装时应涂用以清洁的润滑油，以免装配时擦伤零件表面。

（5）对细长的薄壁件（如管件），应特别注意检查其过盈量及形位误差，压配时应有可靠的导向装置，尽量垂直压入，以防变形。

（6）压入配合后，被包容的内孔有一定的收缩，应予以注意。对孔内径尺寸有严格要求时，应预先留出收缩量或重新加工内孔。

（7）经加热或冷却的配合件在装配前要擦拭干净。

（8）常温下的压入配合，可根据计算出的压力增大 20%～30% 选用压力机。

2. 热胀法

利用物体热胀冷缩的原理，将孔加热使孔径增大，然后将轴自由装入孔中，常用的加热方法是把孔放入热水（80～100 ℃）或热油（90～320 ℃）中。

热装零件时，加热要均匀，加热温度一般不宜超过 320℃，淬火件温度不超过 250 ℃。

热胀配合法一般适用于大型零件且过盈量较大的场合。

3. 冷缩法

利用物体热胀冷缩的原理，将轴放入用固体 CO_2 冷却的酒精槽进行冷却，零件的冷却槽如图 6-8 所示，待轴缩小后再把轴自由装入孔中。常用的冷却方法是采用干冰、低温箱和液氮进行冷却。

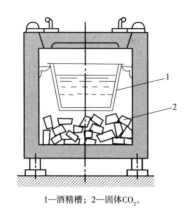

1—酒精槽；2—固体CO_2。

图 6-8　零件的冷却槽

冷缩法与热胀法相比，收缩变形量较小，因而多用于过渡配合，有时也用于过盈量较小的配合。

4.液压套合法

液压套合法（油压过盈连接）也是一种非常好的装配方法，如图 6-9 所示。它与压入法、热胀法、冷缩法相比有着明显的优点。由于配合的零件间压入高压油，包容件产生弹性变形，内孔扩大，配合面间有一薄层润滑油，再用液压装置或机械推动装置给以轴向推力，当配合件沿轴向移动达到位置后，卸去高压油（先卸径向油压，0.5～1 h 后再卸轴向油压），包容件内孔收缩，在配合面间产生过盈，这样配合面不易擦伤。

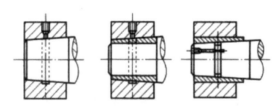

图 6-9　液压套合法示意图

近年来，随着液压套合法的应用，其可拆性日益增强，适用于大型或经常拆卸的场合。但此方法也存在缺点：制造精度高，装配时，连接件的结构和尺寸必须正确，承压面不得有沟纹，端面间过渡处须有圆角；安装、拆卸时须用专用工具等。除因锥度而产生的轴向分力外，拆卸时仍须注意另加轴向力，防止零件脱落伤人。

（二）过盈连接装配法的选择

（1）当配合面为圆柱面时，可采用压入法、热胀法（加热包容件）或冷缩法（冷却被包容件）装配。当其他条件相同时，用热胀法或冷却法能获得较高的摩擦力或力矩，因为它不像压入法会擦伤配合面。方法的选择由设备条件、过盈量大小、零件结构和尺寸等决定。

（2）对于零件不经常拆卸、同轴度要求不高的装配，可直接采用手锤打入。

（3）相配零件压合后，包容件的外径将会增大，被包容件如果是套件（图6-10），则其内径将缩小。压合时除使用各种压力机外，尚须使用一些专用夹具，以保证压合零件得到正确的装夹位置并避免变形。

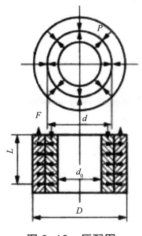

图6-10　压配图

（4）一般包容件可以在煤气炉或电炉中以空气或液体为介质进行加热。若零件加热温度需要保持在一个狭窄范围内，且加热特别均匀，最好用液体作为介质。液体可以是水或纯矿物油，在高温加热时可使用蓖麻油。大型零件，如齿轮的轮缘和其他环形零件可用移动式螺旋电加热器以感应电流加热。

（5）加热大型包容件的劳动量很大，最好用相反的方法，即通过冷却较小的被包容件来获得两个零件的温度差。冷却零件时用固体 CO_2，零件可冷却到 -78 ℃，液态空气和液态氮气可以把零件冷却到更低的温度（$-180 \sim -190$ ℃）。

使用冷却方法时必须采用劳动保护措施，防止介质伤人。

总之，过盈连接有对中性好、承载能力强、能承受一定冲击力等优点，但对配合面的精度要求高，加工和拆装都比较困难。

第三节　保证机械产品装配精度的工艺方法

一、互换装配法

互换装配法，简称互换法，即零件具有互换性，被装配的每一个零件不用进行任何挑选、修配和调整就能达到规定的装配精度要求。用互换法装配，就是用控制零件的加工误差来保证产品的装配精度。根据装配尺寸链的计算方法不同，互换法可分为完全互换法和不完全互换法。

（一）完全互换法

若在确定各相关零件的尺寸公差和偏差时用极值法解装配尺寸链，就可保证按此法计算出的尺寸偏差制造出来的每个零件装上后都能达到装配精度的要求，因此称为完全互换法。其优点是装配操作简单，对工人水平要求不高，装配生产率高；装配时间定额稳定，易于组织装配流水线和自动线；方便企业间的协作和用户维修。缺点是对零件的加工精度要求较高，增加了加工成本。当组成环较多且装配精度要求又较高时，会使零件加工困难，甚至不可能实现。

完全互换法常用于装配精度不高的尺寸链或装配精度虽较高但组成环很少的尺寸链。

（二）不完全互换法

若在确定各相关零件的尺寸公差和偏差时用概率法解装配尺寸链，就可保证按此法计算出的尺寸偏差制造出来的绝大部分零件装上后都能达到装配精度要求，只有 0.27% 的可能出现不合格的情况，因此称为不完全互换法。此法具有完全互换法的全部优点，同时还能使零件的加工难度降低，从而降低了加工成本。虽不能保证 100% 合格，但只要采取适当措施确保加工过程稳定，不合格的数量是很少的，不会造成大量返工，因此对装配工作影响不大。

不完全互换法用于大批量生产中装配精度较高且组成环又较多的场合。

二、选配装配法

选配装配法是指当装配精度要求很高时，将零件制造公差放大到经济可行的程度再选择合适的零件进行装配，以保证装配精度的一种装配方法。按其选配方式不同，分为分组选配法、直接选配法和复合选配法。

（一）分组选配法

分组选配法又称分组互换法，顾名思义，零件只在本组内可以互换。其具体做法是对于制造公差要求很高的互配零件，将组成环的公差放大 n 倍，以达到经济加工精度，然后将加工后的零件按实测尺寸大小分成 n 组，按对应组进行装配，这样大的配大的，小的配小的，以达到装配精度要求。这种分组装配法在内燃机、滚动轴承等装配中应用较多。

图 6-11 为汽车发动机活塞销与活塞销孔用分组选配法装配的示意图。如果配合采用基轴制，活塞销径 $d = \phi 28^{0}_{-0.0025}$ mm，相应的活塞销孔直径 $D = \phi 28^{-0.005}_{-0.0075}$ mm。根据装配技术要求，活塞销孔与活塞销在冷状态装配时应有 $0.002\,5 \sim 0.007\,5$ mm 的过盈量，与此相应的配合公差仅为 0.005 mm，若活塞销孔与活塞销采用完全互换法装配，按"等公差"的原则分配孔与销的直径公差时，它们的公差只有 0.002 5 mm，加工这样精度的零件是困难和不经济的。

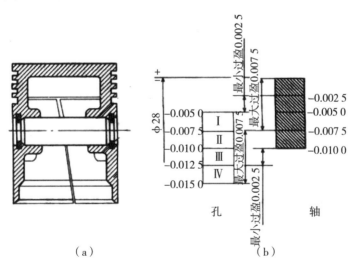

（a）　　　　　　　　（b）

图 6-11　分组选配法装配的示意图

在实际生产中，将上述零件的公差往同方向放大到原来的 4 倍，即活塞销的直径$d = \phi 28^{0}_{-0.010}$mm，活塞销孔的直径$D = \phi 28^{-0.005}_{-0.015}$mm，用高效率的无心磨和金刚镗加工，然后用精密量具测量，并按尺寸大小分成四组，涂上不同的颜色，以便进行分组装配，即大的活塞销配大的活塞销孔，小的活塞销配小的活塞销孔，装配后仍能保证过盈量的要求。同样颜色的活塞销与活塞销孔可按互换法装配。具体的分组情况如表 6-2 和图 6-11（b）所示，我们可以看出各组的公差和配合性质与原来的要求相同。

表 6-2 活塞销和活塞销孔的分组情况 单位：mm

组别	标志颜色	活塞销直径 （$d = \phi 28^{0}_{-0.010}$）	活塞销孔直径 （$D = \phi 28^{-0.005}_{-0.015}$）	配合情况	
				最小过盈量	最大过盈量
I	红	$\phi 28^{0}_{-0.002\,5}$	$\phi 28^{-0.005\,0}_{-0.007\,5}$		
II	白	$\phi 28^{-0.002\,5}_{-0.005\,0}$	$\phi 28^{-0.007\,5}_{-0.010\,0}$	0.002 5	0.007 5
III	黄	$\phi 28^{-0.002\,5}_{-0.007\,5}$	$\phi 28^{-0.010\,0}_{-0.012\,5}$		
IV	绿	$\phi 28^{-0.007\,5}_{-0.010\,0}$	$\phi 28^{-0.012\,5}_{-0.015\,0}$		

分组选配法的关键是保证分组后各对应组的配合性质和配合精度与原要求相同，同时还要保证对应组相配件的数量配套。在应用分组选配法时应注意以下四点。

（1）配合件的公差应相等，公差增大的方向应相同，放大的倍数就是分组数。

（2）只能放大尺寸公差，形位公差和表面粗糙度不能一同放大。

（3）应采取措施使配合件的尺寸分布为正态分布，防止因同组相配件数量不配套而造成部分零件积压浪费。

（4）分组数不宜过多，一般分3～5组即可，以免造成保管、管理上的麻烦。

分组选配法的特点是在不提高零件制造精度的条件下，仍可获得很高的装配精度。但是分组选配法增加了测量、分组、存贮、运输等工作量，所以分组选配法适用于配合精度要求很高，并且装配零件只有两三个的大批量产品的生产。

（二）直接选配法

直接选配法的装配过程是由工人直接从许多待装零件中凭经验选择一个零件装上，再检测是否达到装配精度要求，若没达到就再更换另一个零件。此法虽然节省了零件分组的工序，免去了保管上的麻烦，但装配生产率低，装配时间不确定，装配质量取决于工人的技术水平，不利于实现流水作业和自动装配。

（三）复合选配法

此法是上述两种方法的复合，把零件按装配尺寸测量分组，装配时工人凭经验在各对应组内选择合适零件进行装配。这种装配方法的特点是配合公差可以不相等，其装配质量高，速度较快，能满足一定生产节拍的要求。

三、修配装配法

修配装配法，简称修配法，是指将装配尺寸链中的各组成环按照经济加工精度进行制造，由此造成的累计误差过大，则装配时再对某个组成环进行修配来消除。按照修配方法不同，修配法又分为单件修配法、合并修配法和自身加工修配法。

（一）单件修配法

单件修配法就是预先选定某个组成环零件并将其作为修配环，对该零件预留修配余量，装配后再根据超差情况对该修配环进行补充加工以达到装配精度要求。为确保修配环有修配余量，必须通过计算确定修配环的尺寸和偏差。例如，车床主轴顶尖与尾架顶尖的等高性要求，确定尾架垫块为修配对象，装配时通过刮研尾架垫块平面预留修配量，以改变其尺寸而达到等高性要求。

采用单件修配法时，要将只与本项装配精度有关而与其他装配要求无关、修配量大小适合且易于拆装及修配的零件作为修配对象，同时尽量减少手工操作而多利用修配工具。

（二）合并修配法

合并修配法是将两个或更多个零件合并或装配在一起加工，合并后的零件作为一个组成环进入装配尺寸链，从而减少组成环数，有利于减少修配量。但经合并加工后的零件就不再具有互换性，因此必须做好标记以免弄错。这就给装配和管理工作带来了不便。

（三）自身加工修配法

在机床制造中，总装时运用机床自身具有的加工能力，对该机床上的修配对象进行自我加工，以达到装配精度要求，这种方法称为自身加工修配法或就地加工修配法。比如，牛头刨床总装时，用自刨工作台面来达到滑枕运动方向对工作台面的平行度要求；平面磨床自磨工作台面，龙门刨床自刨工作台面及立式车床自车转盘平面、外圆等。

修配法可用较低精度的零件装出较高精度的产品，但增加了装配工作量，对装配工人的要求较高，装配精度与装配工人的技术水平关系较大，装配时间较长且不确定，不利于组织流水作业和自动装配，因此常用于单件、小批量生产中封闭环公差要求较严、组成环较少，以及成批生产中封闭环公差要求较严、组成环较多的场合。

四、调整装配法

调整装配法，简称调整法，是指装配时通过调整某个环（调整环）在机械产品中的相对位置或更换某个环的零件，以达到装配精度要求的装配方法。根据调整方法的不同，常用的调整法有可动调整法、固定调整法和误差抵消调整法。

（一）可动调整法

可动调整法是通过调整零件的位置来保证装配精度的方法。打算用此法装配的产品或部件，在结构设计时就应留有可调节的余地或机构，装配时才有可能调整，常用的调整件有螺栓、螺母、楔铁、挡环等。此法调整过程中不用拆卸零件，调整方便，能获得比较高的装配精度。同时，当产品在使用过程中因某些零件的磨损而使装配精度下降时，可通过适当的调整恢复成原来的精度。因此，可动调整法在实际生产中应用较广。

图 6-12 为常见的轴承间隙调整方式，它通过螺钉的旋入与旋出来调整轴承外环的位置，以实现调整轴承间隙的目的。图 6-13 为滑动丝杠螺母副的间隙调整装置，该装置利用中间轴套螺钉调整楔块上下移动，以改变两螺母的间距来调整丝杠与螺母之间的轴向间隙。

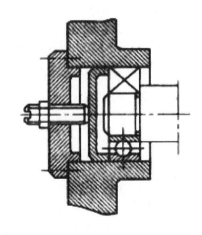

图 6-12　轴承间隙调整

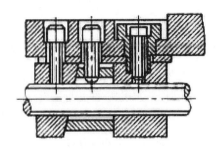

图 6-13　滑动丝杠螺母副的间隙调整装置

（二）固定调整法

固定调整法是在装配尺寸链中选择或加入一个结构简单的零件，如垫片、垫圈、隔套等，将其作为调节环，事先将该零件按一定尺寸间隔级别做成一组专门零件，装配时根据具体情况选用其中某一级别的零件来做补偿，从而保证所需要的装配精度的装配方法。由于调整件尺寸是固定的，因此称为固定调整法。

固定调整法常用于大批量生产且装配精度要求较高的多环尺寸链，调整件还可以采用多件组合的方式。比如，预先将调整垫做成不同的厚度（1 mm、2 mm、3 mm、5 mm、10 mm 等），再制作一些薄金属片（0.01 mm、0.02 mm、0.05mm、0.10 mm 等），装配时根据尺寸组合原理把不同厚度的垫片组合起来，以满足装配精度的要求。这种调整方法更为简便，它在汽车、拖拉机生产中广泛应用。

（三）误差抵消调整法

误差抵消调整法是在装配过程中调整组成环误差的方向，使其误差得以正负抵消或转移到对装配精度影响不大的方向上，以获得较高的装配精度的方法。此方法的实质与可动调整法类似。误差抵消调整法在机床装配中应用较多，如在组装机床主轴时通过调整前后轴承径向跳动的方向，来控制主轴锥孔的径向跳动。

在大批量及高精度的装配生产中，调整法的实用性非常高，如果因为磨损、弹性、热变形等原因产生了一些误差，可以通过调整法及时调整，它使用起来非常便捷；该方法的不足之处是要增加调整装置。除了一些精密配件要求用分组选配法外，其余很多装配场合都可以使用调整法。

五、装配方法的选择

在对装配的工艺方法进行选择时，要结合多种因素做出合理的选择，如产品结构、生产类型、装配进度要求、生产条件等。通常只要组成环在加工上比较经济时，就会首选完全交换法；如果需要大批量生产，同时组成环的量又比较大，就要考虑使用不完全交换法。如果在采用了完全交换法以后，出现了组成环加工困难或不够经济时，就会考虑别的方法。在大批量生产且组成环少的情况下，可以选择分组选配法；而在组成环多的情况下，应该选择调整法。如果是单件、小批量生产，就会使用修配法；如果是成批生产，也可以根据实际情况考虑修配法。

通常在设计产品阶段就会对装配方法加以确定，事前确定好装配方法可以确保装配精度，从而预留出修配量及调整量，预先对调整结构进行设计，进而将各个零件的尺寸及产生的偏差进行准确标注。

第七章　其他机械制造技术及应用

第一节　快速原型制造技术及应用

一、快速原型制造技术的原理

传统的零件加工过程是先制造毛坯，然后经切削加工，从毛坯上去除多余的材料得到零件的形状和尺寸，这种方法统称材料去除制造。

快速原型制造技术不同于传统的在型腔内成型毛坯，切削加工后获得零件的方法，其是在计算机控制下，基于离散／堆积原理采用不同方法堆积材料最终完成零件的成型与制造的技术。从成型角度看，零件可视为"点"或"面"的叠加。从 CAD 电子模型中离散得到点、面的几何信息，再与成型工艺参数信息结合，控制材料有规律、精确地由点到面、再由面到体堆积零件。从制造角度看，它根据 CAD 造型生成零件三维几何信息，控制多维系统，通过激光束或其他方法将材料逐层堆积形成原型件或零件，是一种全新的制造技术，其基本过程如图 7-1 所示。

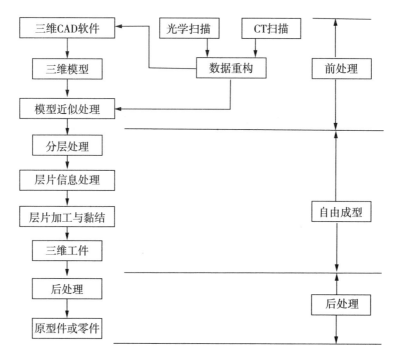

图 7-1　快速原型制造技术基本过程

1.建立产品的三维 CAD 模型

设计人员可以应用各种三维 CAD 造型系统，包括 Solidworks、Solidedge、UG、Pro/E、Ideas 等进行三维实体造型，将设计人员所构思的零件概念模型转换为三维 CAD 数据模型。也可通过三维坐标测量仪、激光扫描仪、核磁共振图像、实体影像等工具或方法对三维实体进行反求，获取三维数据，以此建立三维实体 CAD 模型。

2.三维模型的近似处理

三维模型的近似处理是指由三维造型系统将零件 CAD 数据模型转换成一种可被快速原型系统接受的数据文件，如 STL、IGES 等格式文件。目前，绝大多数快速原型系统采用 STL 文件，因为 STL 文件易于进行分层切片处理。STL 文件即对三维实体内外表面进行离散化所形成的三角形文件，所有 CAD 造型系统均具有对三维实体输出 STL 文件的功能。

3.三维模型的 Z 向离散化（分层处理）

三维模型的 Z 向离散化是指将三维实体沿给定的方向切成一个个二维薄片的过程，薄片的厚度可根据快速原型系统的制造精度在 0.05 ～ 0.5 mm 选择。

4.逐层堆积制造

逐层堆积制造是指根据层片的几何信息，生成层片的加工数控代码，用以控制成型机的加工运动。在计算机的控制下，根据生成的数控指令，快速原型系统中的成型头（激光扫描头或喷头）在$X-Y$平面内按截面轮廓进行扫描，固化液态树脂（或切割纸、烧结粉末材料、喷射热熔材料），从而堆积出当前层片，并将当前层片与已加工好的零件部分黏合。然后成型机工作台面下降一个层厚的距离，再堆积新的一层。如此反复直到整个零件加工完毕。

5.后处理

对完成的原型件或零件进行处理，如深度固化、去除支撑、修磨、着色等，使之达到要求。

二、快速原型制造技术的特点

（一）高度柔性

在不需要任何刀具、模具及工装卡具的情况下，可将任意复杂形状的设计方案快速转换为三维实体模型或样件。

（二）快速性

由 CAD 模型直接驱动产品制造，在很短的时间内就可以制造出零件实体，省去了传统方法中的毛坯制造、工艺规划、工装夹具设计、机械加工等一系列过程。

（三）技术的高度集成

快速原型制造技术是计算机、数控、激光、新材料等技术的高度集成，实现了材料的提取过程与制造过程的一体化、设计（CAD）与制造（CAM）的一体化。

（四）材料的广泛性

金属、纸张、塑料、树脂、石蜡、陶瓷、纤维等材料均能作为快速原型制造的成型材料。

（五）应用领域广泛

快速原型制造技术非常适合新产品开发、小批零件制造、不规则或复杂形状零件制造、各种模具设计与制造、产品设计的外观评估和装配检验等，快速原型制造技术不仅用于制造业，还在材料科学与工程、医学、文化艺术及建筑工程等领域也有广泛应用。

三、快速原型制造技术的类型

（一）立体平版印刷成型工艺

立体平版印刷成型工艺是世界上第一种快速原型制造技术，其基本原理为将所设计零件的三维计算机图像数据转换成一系列很薄的模样截面数据。然后在快速成型机上，用可控制的紫外线激光束按计算机切片软件所得到的每层薄片的二维图形轮廓轨迹，对液态光敏树脂进行扫描固化，形成连续的固化点，从而构成模型的一个薄截面轮廓。下一层以同样的方法制造。该工艺从零件的最底薄层截面开始，一次一层，连续进行，直到三维立体模样制成。一般每层厚度为 0.076 ～ 0.381 mm，最后将模样从树脂液中取出，进行最终的硬化处理，再打光、电镀、喷涂或着色即可。图 7-2 为立体平版印刷成型工艺原理示意图。

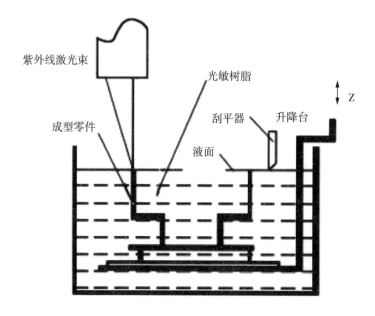

图 7-2　立体平版印刷成型工艺原理示意图

用立体平版印刷成型工艺快速制成的立体树脂模可代替蜡模进行结壳，型壳焙烧时去除树脂模，得到中空型壳，即可浇注出具有高尺寸精度和几何形状、表面光洁度较好的各种合金铸件。

（二）选择性烧结成型工艺

选择性烧结成型工艺是一种在一个充满氮气的惰性气体加工室中，先将一层很薄的可熔粉末沉积到圆柱形容器底部的可上下移动的板上，按 CAD 数据控制 CO_2 激光束的运动轨迹，对可熔粉末材料进行扫描熔化，并调整激光束强度使其正好能将 0.125 ～ 0.25 mm 的粉末烧结的快速原型制造技术。这样，当激光束在所给定的区域内移动时，就能将粉末烧结，从而生成模型的截面形状。每层烧结都在先制成的那层顶部进行，在制完模后，可用刷子或压缩空气去掉未烧结的粉末。图 7-3 为选择性烧结成型工艺的原理示意图。

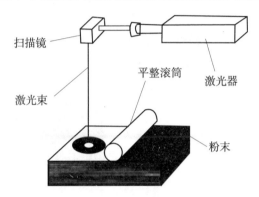

图 7-3　选择性烧结成型工艺原理示意图

选择性烧结成型工艺所用的制模材料包括熔模铸造蜡、聚碳酸酯和尼龙。其他制模材料如高性能的热塑性塑料、陶瓷粉末及金属粉末也正在研究。选择性烧结成型用熔模铸造蜡所制的蜡模，公差为 ±0.13 ～ ±0.25 mm，表面粗糙度 Ra 为 3.2 ～ 6.3 μm。

选择性烧结成型工艺成功地生产出了汽缸头熔模铸件（原用砂型铸造要 16 周时间，现用选择性烧结成型工艺只需 4 周时间）。该工艺很适合那些采用机械加工方法难以成型或加工的几何形状复杂的聚碳酸酯模。该工艺的发展方向是用金属粉末和陶瓷粉末来直接制造工具、模具和铸造型壳。

（三）熔丝沉积成型工艺

熔丝沉积成型工艺是新申报专利的快速原型制造技术之一。它使用一个外观非常像二维平面绘图仪的装置，只是笔头被一个挤压头代替，它挤压出一束非常细的蜡状塑料（热塑性）或熔模铸造蜡，并以逐步挤入热熔塑料丝的方法来画出和堆积由切片软件形成的每一二维切片薄层。同理，制造模样从底部开始，一层一层进行，由于热塑性树脂或蜡冷却很快，就形成了一个由二维薄层轮廓堆集并黏结成的立体模样（树脂模或蜡模）。图 7-4 为熔丝沉积成型工艺原理示意图。

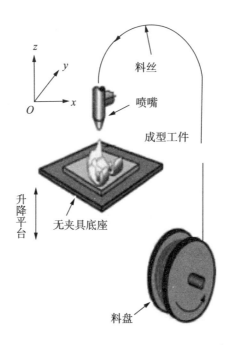

图 7-4　熔丝沉积成型工艺原理示意图

与其他快速原型制造工艺相比，用熔丝沉积成型工艺制模时，其模样上的突出部分无须支承也能制出，制出的模样表面光洁，尺寸精度更高，并且消除了因层间黏结不良而形成的层间台阶毛刺缺陷和分层问题。用这种方法得到的零件的尺寸和形状精度大约可达到 0.15 mm，如果要为熔模铸造工艺制作零件模型，可采用的材料有热塑性塑料以及模蜡。

（四）分层叠纸制造成型工艺

分层叠纸制造成型工艺的基本原理是将须进行快速成型的产品的三维图形输入计算机成型系统，用切片软件对该三维图形进行切片处理，得到沿产品高度方向上的一系列横截面轮廓线。单面涂有热熔胶的纸卷套在纸辊上，并跨过支承辊缠绕到收纸辊上。步进电机带动收纸辊转动，使纸卷沿图 7-5 中箭头方向移动一定的距离。工作台上升，与纸接触，热压辊沿纸面自右向左滚压，加热纸背面的热熔胶，并使这一层纸与基底上的前一层纸黏合。CO_2 激光器发射的激光束经反射镜和聚焦镜等组成的光路系统到达光学切割头，激光束跟踪零件的二维横截面轮廓线数据进行切割，并将轮廓外的废纸余料切割出方形小格，以便成型过程完成后易于剥离余料。每切割完一个截面，工作台连同被切出的轮廓层自动下降至一定高度，然后步进电机再次驱动收纸辊将纸移到第二个需要切割的截面，重复工作，直至形成由一层层横截面黏叠的立体纸模样。然后剥离废纸小方块，即可得到性能似硬木或塑料的"纸质模样产品"。零件的几何模型加工完之后，不属于工件的区域就被分离出去了，零件模型的表面还应根据要求用手工进行后处理。分层叠纸制造成型工艺可以用厚度在 0.05 ～ 0.5 mm 的纸箔作为原材料，所得到的模型的尺寸和形状精度在 ±0.25 mm 的范围内。图 7-5 为分层叠纸制造成型工艺原理示意图。

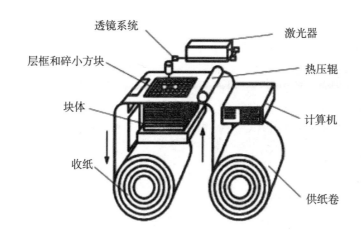

图 7-5　分层叠纸制造成型工艺原理示意图

与其他快速原型制造技术相比，分层叠纸制造成型工艺具有下列优点。

（1）无须用激光束扫描所制模样的整个二维横截面，只要沿其横截面的内外周边轮廓线进行切割即可，故在短时间内（几小时、几十小时）就能制出形状复杂的零件模样。

（2）成型件的力学性能较高。分层叠纸制造成型工艺的制模材料涂有热熔胶和特殊添加物，使其成型件硬如胶木，有较好的力学性能，表面光滑，能承受 100 ～ 200 ℃的高温，必要时可再对成型件进行机械加工。

（3）成型件尺寸大，分层叠纸制造成型工艺是最适合制造大尺寸模样的快速原型制造工艺，比如，发动机、汽缸体等中大型精密铸件。目前已制出的最大成型件尺寸为 1 200 mm × 750 mm × 550 mm。

鉴于上述优点，分层叠纸制造成型工艺已得到迅速发展。

（五）光面固化成型工艺

光面固化成型工艺的基本原理是先在制造平台上撒一层液体感光树脂材料，然后利用类似复印机的静电过程在制造平台上方的透明玻璃板上打印出具有模型第一层形状的遮光膜。用紫外光源照射遮光膜，光线只能穿过透明部分而选择固化这一层。接着，用真空吸除余下的液体树脂，将这部分涂上蜡以支撑模型，这一层制好后，下降平台再制造第二层直至模型制成。模型制成后，要放入溶剂池中除蜡，该技术的特点是制造速度快，制品尺寸大，并可同时制造多件制品。图 7-6 为光面固化成型工艺原理示意图。

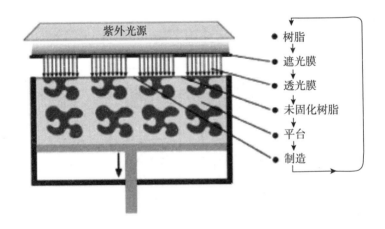

图 7-6　光面固化成型工艺原理示意图

（六）直接制壳生产铸件工艺

直接制壳生产铸件工艺与迄今所描述的制壳工艺有本质上的不同，它允许在计算机屏幕上进行零件设计直到浇注铸造模拟。它直接利用 CAD 数据自动制造陶瓷型壳，而无须模具和压型，使熔模铸造省去了制压型、压蜡模及涂料等繁杂的工序，大大缩短了熔模铸件的生产周期。直接制壳生产铸件将铸造和计算机数控的优点综合于金属零件的制造工艺中，是一种很有生命力的快速原型制造新工艺。图 7-7 为直接制壳生产铸件的工艺原理示意图。

154

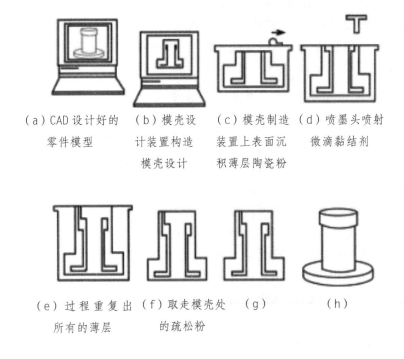

（a）CAD设计好的　（b）模壳设　（c）模壳制造　（d）喷墨头喷射
　零件模型　　　　计装置构造　装置上表面沉　微滴黏结剂
　　　　　　　　　模壳设计　　积薄层陶瓷粉

（e）过程重复出　（f）取走模壳处　（g）　　　（h）
　所有的薄层　　　的疏松粉

图 7-7　直接制壳生产铸件工艺原理示意图

工艺将所制零件的CAD模样转换为型壳的数字化模样，并显示在屏幕上。当确定好每个型壳上零件的数量、型壳壁厚以及收缩率、浇注系统等铸造参数后，计算机就能很快显示出所制铸件型壳的几何形状，并进行铸造工艺的模拟。然后将有关数据传输给型壳制造，并控制其工作。

型壳制造包括一个用来盛铝矾土陶瓷粉末的料箱。计算机根据型壳制造的数据，精确控制料箱的上下移动和印刷头的运动轨迹。印刷头以光栅形式运动。当印刷头从料箱中的耐火材料粉末表面掠过时，按计算机的指令会"喷"出黏结剂。有黏结剂的区域内的耐火材料粉末黏在一起，形成型壳的一个截面，然后喷头再喷出一层粉末，这样从底部开始，一层一层进行，最后就制成了具有整体芯的型壳。未被黏结的耐火材料粉末可以对以后的黏结层起支撑作用。型壳经焙烧，回收未黏结的粉末，就可以浇注金属液了。

四、快速原型制造技术的应用

快速原型制造技术出现以后，便得到了制造业的广泛关注，同时，它也成为全世界顶级高校和研究机构讨论的重点。快速原型制造技术之所以如此受重视，是因为它可以带来突出的时间与经济效益。快速原型制造技术在汽车外形设计、玩具、电器制造，乃至航空航天设计、人体器官制造等领域都具有很好的应用前景。

（一）快速原型制造技术在模具制造中的应用

传统的模具制造工艺集合了机械加工、电加工、数控加工等多种高超的制造工艺，并生产出了很多精度高且寿命长的优质模具，它们被广泛用于制造金属、陶瓷、玻璃等产品，大大促进了制造业的发展。然而，这样的模具制造工艺加工时间长，资金消耗高，与新产品的制作、小批量生产是不适应的，同时如今市场竞争非常激烈，产品更新换代非常快，传统的模具生产方式很难满足制造业的需求。此时，可以满足需求的经济且快速的模具生产技术应运而生，该技术凝聚了陶瓷型精铸、硅胶翻模、电铸、电弧喷涂等多项工艺，不仅使模具制造的成本和时间得到了控制，其生产出来的模具还能满足批量生产产品的需求。然而这样生产出来的模具精度低、寿命短。随后出现的快速原型制造技术很好地解决了这些问题。以快速原型制造技术为基础的快速模具技术，从模具的制造开始计时，到最终的完成制造，总共花费的时间仅为传统方法花费时间的 1/3 左右，大大缩短了生产周期，同时还在模具质量、制造柔性等方面取得了很好的效果。

在模具制造方面，快速原型制造技术可分为两种制模方法，一是间接快速制模，二是快速系统直接快速制模，所制作的模具主要是铸造类、注塑类及冲压类模具。通过中间软模过渡法、精密铸造法和电火花加工、金属喷涂等技术与快速原型制造的结合，就能很快将金属模具制造完成。

直接快速制模技术在制造环节上是比较简单的，可以将快速原型制造技术的优点淋漓尽致地发挥出来，尤其是在制造一些形状复杂的内流道冷却模具的时候，采用直接快速制模技术是非常合适的。然而，利用该技术制造出来的模具在精度及性能上可能存在一些问题，比较难把控，成本会有所提升，模具的尺寸也会被限制。间接快速制模技术则是在快速原型制造技术的基础上结合了以往的模具翻制技术，传统的翻制技术现在已经很成熟了，可按照不同的应用要求采用不同成本和不同复杂度的工艺，这样不仅可以使模具表面的质量、寿命、力学的性能得到很好的控制，还能实现一定的经济效益。因此，如今间接快速制模技术在工业上的使用是较广泛的。

1. 间接快速制模技术

间接快速制模技术是将快速原型制造技术与传统的成型技术有效地结合，实现模具的快速制造。

间接快速制模技术通常以非金属型材料为主（纸、ABS 工程塑料、蜡、尼龙、树脂等）。通常情况下，非金属成产物无法直接作为模具使用，需要以快速原型为母模，通过各种工艺转换来制造金属模具。而间接快速制模技术一般可使模具制造成本和周期下降一半，明显提高了生产效率。

间接制造的特点是将快速原型制造技术与传统成型技术相结合，充分利用了各自的技术优势。间接制造已成为应用研究的热点。依据零件生产批量的大小、模具材料和生产成本划分，间接制模工艺可分为下列几种。

（1）硅胶模，适用于单件或数十件以下的小批量零件的制造，硅胶模的寿命一般为 10 ~ 80 年。将表面光整处理后的快速原型或其他产品原型置入成型用的框内，注入硅胶，等其固化后从原型分离出来得到模具。其优点是成本低、周期短、形状限制小、复制精度高，具有良好的柔性和弹性，能够浇注出结构复杂、花纹精细、无拔模斜度或倒拔模斜度及具有深凹槽的塑料件。由于快速原型表面易精加工，从而可获得表面质量较好的模具。此外，硅胶模脱模较容易，适于制作复杂形状的塑料模、陶瓷模，以及其他 IRT 的形状过渡用模。若采用高质量的硅胶，尺寸精度可控制在 0.1% 以内。缺点是可供成型的树脂种类有限。

（2）金属基环氧树脂模。环氧树脂模具以环氧树脂为模具基材，制作工艺与硅胶模具类似，以表面经过精加工的熔丝沉积成型或等快速原型为母模，然后充填环氧树脂基材料，脱模得到环氧树脂模。环氧树脂模具与传统注塑模具相比，成本只有它几分之一，生产周期也大大缩短了。其模具寿命不及钢模，但比硅胶模长，模具制造件数在 1 000 ~ 5 000，可满足中小批量生产的需要。

（3）金属冷喷涂模。以成型为母模，将低熔点金属充分雾化后以一定的速度喷射到样模表面，形成一层金属壳层，即模具型腔表面，其厚度可达 2 mm，甚至更厚，然后将铝颗粒与树脂混合材料作为起支撑作用的背衬物，将壳与成型分离，得到精密的金属模具。其特点是工艺简单、周期短、模具尺寸精度高、成本低。

（4）陶瓷型精密铸造法。以快速原型为母模，用特制的陶瓷浆料浇注成陶瓷铸型，制成模具，具体分为以下几种。

①化学粘接陶瓷浇注型腔。用快速原型系统制作纸质母模的成型，浇注硅橡胶、环氧树脂、聚氨酯等软材料，构成软模，移去母模，在软模中浇注化学粘接陶瓷，在 205℃ 下固化化学粘接陶瓷型腔并抛光型腔表面，加入浇注系统

和冷却系统后便制得小批量生产用注塑模。

②用陶瓷或石膏模浇注钢或铁型胶。与上述方法相似，首先用快速原型系统制作纸质母模成型，浇注硅橡胶、环氧树脂、聚氨酯等软材料，构成软模，再移去母模，在软模中浇注陶瓷或石膏模，用于浇注钢或铁型腔。以聚碳酸酯为材料，用选择性烧结成型快速制出母型，并在母体表面制出陶瓷壳型，焙烧后用铝或工具钢在壳内进行铸造，即得到模具的型芯和型腔。此方法制作周期不超过 4 周，制造的模具寿命较长，可生产 250 000 个塑料制品。

2.直接快速制模技术

对于单件、小批量生产，模具的成本占有很大的比重，而修模占成本近$\frac{1}{3}$的比重，因此单件、小批量生产的成本较高。较好的解决方法就是采用快速原型直接制造模具，可在几天之内完成非常复杂的零件模具的制造，而且越复杂越能显示其优越性。

直接快速制模技术是指利用快速原型制造技术直接制造出最终的零件或模具，然后对其进行一些必要的后处理即可达到所要求的力学性能、尺寸精度和表面质量。其具有独特的优点，如制造环节简单，能够较充分地发挥快速原型制造技术的优势，快速完成产品制造。但它在模具精度和性能控制等方面具有缺陷，特殊的后处理设备与工艺使制造成本提高，成型尺寸也受到较大的限制。

（1）基于分层叠纸制造成型工艺的金属板材堆积成型工艺。以分层叠纸制造成型工艺为基础，直接金属片材为材料，通过激光切割、焊接或黏结剂粘接金属片材成型金属零件。比如，日本使用 0.2 mm 厚的钢板，板材两面涂敷低熔点合金，通过焊接成型金属零件。美国 CAM-LEM 公司采用分层叠纸制造成型原理开发了可制造金属和陶瓷零件的工艺，称为 CAM-LEM。用黏结剂粘接陶瓷或金属薄膜，用激光切割轮廓和分割块，采用自适应分层方法（在垂直处加大分层厚度）。完成的半成品还要在炉子中烧结，使其达到理论密度的99%，机械强度高。

（2）基于选择性烧结成型工艺的金属粉末堆积成型工艺。该类工艺主要是采用激光烧结或黏结剂粘接金属粉末成型，典型代表是选择性烧结成型工艺。它又分间接和直接选择性烧结成型两种。间接选择性烧结成型工艺采用激光逐点烧结粉末材料，使包覆于粉末外的固体黏结剂熔融，实现材料的连接，须经浸渗处理方可用于模具。而直接选择性烧结成型工艺采用激光逐点烧结粉末材料，使粉末材料熔融实现材料的连接，制品可直接用于模具。

（3）基于熔丝沉积成型工艺的金属丝材熔融堆积工艺。美国 Stratasys 公司开发出能用熔丝沉积成型成型的金属材料，首先将金属粉与黏结剂掺匀，然后挤压成具有足够弯曲强度和黏着度的金属丝材料供熔丝沉积成型设备成型使用。已用熔丝沉积成型方法成型成功的材料有不锈钢、钨及碳化钨。

（二）快速原型制造技术在新产品研发中的应用

通常来说，产品在市场当中的投放周期是多个环节所用的时间组合在一起的时间。比如，设计、实验的时间，征求用户意见的时间，修改定型的时间，生产的时间，市场营销的时间，等等。有了快速原型制造技术后，可以从设计产品的环节开始计算时间，设计者、制造方、推销人员等都可以及时拿到真实的样品，甚至可以拿到小批量生产的产品，这样一来，就有了充分测试、评价、修改的时间，同时还可以对制造的过程和制造过程中使用的模具、工具的设计加以核验，从而使失误和返工的情况大大减少，最后以最低的成本、最快的速度、最好的质量进入市场。在新产品研发中，快速原型制造技术的应用主要体现在以下几个方面。

1. 设计模型可视化及设计评价

目前设计现代化产品的技术越来越先进，使用 CAD 软件可以使产品设计更加直观且快速。然而，因为硬件、软件具备一定的局限性，所以设计者依然不能对设计出来的产品效果、结构的合理性和生产工艺的可行性给出直观的评估，但是对于设计者而言，他们对于设计的完善与修改最终重视的是设计模型可视化。我们可以打一个非常形象的比方：快速原型制造系统就像是三维打印机，它可以快速且精准地"打印"出 CAD 模型，供设计者、评审进行评估，这会使产品的设计及决策的可靠性得到很大的提高。

在新产品设计中，利用快速原型制造技术制作产品样件，一般只要传统样件制作工时的 30% ～ 50% 和成本的 20% ～ 35%，而其精确性却是传统方法无法媲美的。利用快速原型制造技术制作出来的产品样件是产品在从设计到商品化各个环节中进行交流的有效手段，可用于新产品展示、市场调研、市场宣传和供货询价。

2. 装配校核

进行装配校核和干涉检查，尤其是在有限空间内的复杂、昂贵系统（如卫星导弹）的可制造性和可装配性检验，对新产品研发尤为重要。如果一个产品的零件多且复杂，就需要进行总体装配校核。在投产之前，先用快速原型制造技术制作出全部零件原型，再进行试安装，验证设计的合理性和安装工艺与装配要求，若发现有缺陷，便可以迅速、方便地进行纠正，使所有问题在投产之前得到解决。

3.功能验证

快速原型制造技术不仅能够开展设计评价、装配校核，还能够直接参与性能及功能的相关试验研究，如机构运动分析、流动分析、应力分析、流体和空气动力学分析等。运用快速原型制造技术可以很快地根据设计制造出模型，然后开展试验测试，一些复杂的空间曲面可以更好地展现快速原型制造技术的优点。比如，通过确定风鼓、风扇等设计的功能及性能的参数，能够获得噪声最低的结构，获得功能性最强的扇叶曲面。如果用传统的方法制造原型，那么这种测试与比较几乎是不可能的。

（三）快速原型制造技术在汽车制造中的应用

快速原型制造技术是3D打印技术在汽车制造领域最先应用的一项工艺方法。3D打印技术几乎可以参与所有汽车零部件的制造，包括汽车的内饰、轮胎、前中网、发动机内腔、汽缸盖、空气管道等。通过在实车上安装3D打印机，打印零件原型，汽车研发部门可以快速发现问题并及时给出解决方案，进一步提高设计的可靠性。

1.快速原型制造技术在复杂零件设计制造中的应用

快速原型制造技术的成型速度非常快，使以往设计与制造汽车零件的方法被彻底颠覆。传统的制造方法不仅设计周期很长，还会消耗大量的人力。如今，技术员通过计算机能够在短期内设计出零件的模型，然后再通过快速原型制造技术利用模型直接制造出零件。随着快速原型制造技术的进步，可用于制造零件的材料也越来越多，在研发新产品的初始阶段，有多种具有各种性能的材料可供设计者选择，设计者通过对各种材料的优劣比较，选择出性能最好的材料用于产品的设计，从而制造出性能更好的零件。除此之外，通过机械加工方法来制造一些复杂的曲面零件是非常不容易的，如汽车壳体的制造，但是有了快速原型制造技术之后，这样的零件制造就变得容易多了。在新产品的研发中，快速原型制造技术也发挥了巨大的作用，使用快速原型制造技术不仅使生产汽车零件的速度更快了，还节约了新产品测试的时间，使研发新产品的资金投入得到了控制。

2.快速原型制造技术在轻量化零件制造中的应用

在提出绿色发展理念以后，汽车制造业等多个业都纷纷响应号召。对于汽车制造行业来说，要想降低能源消耗、减少污染物的排放，首先就要减轻汽车质量，而要想减轻汽车质量，就要从汽车零件上下功夫。那么，怎样才能在保证性能稳定的前提下减轻汽车的质量呢？这对于传统的制造业来说是一个巨大的挑战，而有了快速原型制造技术之后，这一问题就得到了有效的解决。通过快速原型制造技术，可以在保证力学性能的基础上制造出减轻汽车质量的轻量化零件。比如，i8Roadster 敞篷跑车的车顶支架，就是利用快速原型制造技术制造完成的。这样的车顶支架相比于传统工艺下的车顶支架，减轻了将近45%的质量，不仅使汽车的刚性得到了提高，还通过具有一定软度的车顶达成了快速收缩、升降的效果，这一项成功经验对于整个汽车制造业的发展都具有很好的促进作用。

3. 快速原型制造技术在汽车造型零件中的应用

汽车的外形与内饰往往会对消费者的购买决策产生巨大的影响，通过快速原型制造技术，汽车将会拥有更加时尚的外形及更具美感的内饰风格。造型零件的作用主要是提升视觉感受。比如，一般在材料上会采用透明树脂，通过立体光固化成型技术打印车灯模型，然后经过打磨加工，汽车的灯具就会非常透亮且逼真。宝马 Mini 就是采用快速原型制造技术来定制汽车内饰的，客户有在装饰面板及侧舷窗上发挥想象力的机会，在零件的设计中把自己设计的签名、图案等元素融入其中，最后通过快速原型制造技术将其制造出来。

（四）快速原型制造技术在医学领域中的应用

人体的内部器官及骨骼的构造是非常复杂的，将它们的构造复制出来从而反映病变时的构造特征，基本上仅有快速原型制造技术这一种手段。基于医学影像数据，通过快速原型制造方法可以制造出人体的器官模型，这在医学界是具有很高的应用价值的，如可以以此修补人体的病变部位，可以作为可视模型供医学专家开展模拟手术。虽然在快速原型市场中，医学应用只占了10%，但是医学领域对快速原型制造技术相比于其他领域的要求更高一些。

第一，快速原型模型可以作为硬拷贝数据提供视觉和触觉的信息，以及作为诊断和治疗的文件，它能够促进医生与医生之间、医生与病人之间的沟通。第二，快速原型模型可以作为复杂外科手术模拟的模型。用快速原型可以把模型做得和真实的人体器官一样（尺寸大小一样，并能用颜色区分各种不同组织），有助于快速制订复杂外科手术计划，如复杂的上颌面、头盖骨修补等外科手术。术前的模拟手术会大大增强医生进行手术的信心，大幅度缩短手术时间，同时也减少了病人的痛苦。第三，快速原型制造技术能够直接制造成植入物植入人体，基于快速原型制造技术的植入物具有相当准确的适配度，能够提高美观度，缩短手术时间，减少术后并发症。

第二节　成组技术与 CAPP 及应用

一、成组技术

在机械制造业里，通常中批量生产和小批量生产所占的比重都是比较大的。随着市场竞争日益激烈，科学技术的不断发展，产品更新换代的速度更快了，因此呈现出产品批量小、品种多的特点。以往的小批量生产方式有以下不足之处：组织管理复杂，生产过程难以把控；零件生产时间较长；生产前要进行大量的准备工作；先进的生产技术的使用受到了制约。为了解决这些问题，成组技术这一新的生产技术出现了。

（一）成组技术的基本原理

对于不同的机械产品来说，虽然它们在结构、功能等很多方面都存在不同之处，但是通过调查发现，产品的基本零件大约有 70% 都是相似的，如轴、齿轮等。在这些相近的零件当中，同一种零件在形状、尺寸、构造等方面的相近，势必会使其工艺也具有一定的相似之处。

成组技术是一项综合类的技术，它涉及多种学科，以相似性准则为理论基础。在机械制造领域中，成组技术的应用是成组工艺。成组工艺可以将形状、尺寸及工艺相近的零件组合在一起构成一个零件组，然后根据零件组的工艺要求，为其配备合适的设备，利用合适的布置形式进行组成加工，以扩大批量，使多品种、小批量生产也能获得近似于大批量生产的效果。成组技术基本原理如图 7-8 所示。成组技术已广泛应用于设计、制造和管理等各个方面。

零件在几何形状、尺寸、功能要素、精度、材料等方面的相似性为基本相似性。以基本相似性为基础，在制造、装配、生产、经营、管理等方面所导出的相似性称为二次相似性。因此，二次相似性是基本相似性的发展，具有重要的理论意义和实用价值。成组技术与数控加工技术组合，大大推动了中小批量生产的自动化进程。

成组技术成为进一步发展计算机辅助设计（CAD）、计算机辅助工艺规程编制、计算机辅助制造（CAM）和柔性制造系统（FMS）等的重要基础。在实施成组工艺时，首先要把产品零件按零件分类编码系统进行分类成组，然后制订零件的成组加工工艺方案，设计工艺装备，建造成组加工生产线及有关辅助装置。

（二）零件分类编码系统

零件分类编码系统是用符号，包括数字或字母等对回转体的相关特征的对应描述，之所以称之为系统，是因为零件的描述和标识有着相应的准则和依据。零件分类编码系统是成组技术原理的基础，而且是在计算机的基础上对回转体零件进行分类的前提。

分类标志是回转体零件找到对应编码的根据，它所代表的是众多零件集中所代表的属性及特征。码位是编码系统的关键组成部分，又称横向分类标志，对于码位的设计要掌握好先后顺序及信息利用率。例如，可先安排与设计检索相关的信息，然后安排与工艺有关的信息，码位之间的结构包括树式结构、链式结构和混合式结构。纵向分类标志可以称作特征位，特征位按复杂度由简到繁、由一般到特殊的原则进行排列。

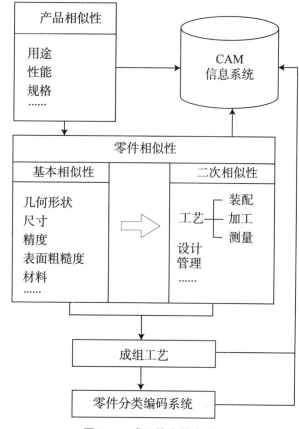

图7-8 成组技术基本原理

目前，国内外的分类编码系统很多，常用的有德国的奥匹兹零件分类编码系统和我国制定的机械工业成组技术零件分类编码系统（JLBM-1）。图7-9是奥匹兹零件分类编码系统的结构形式。

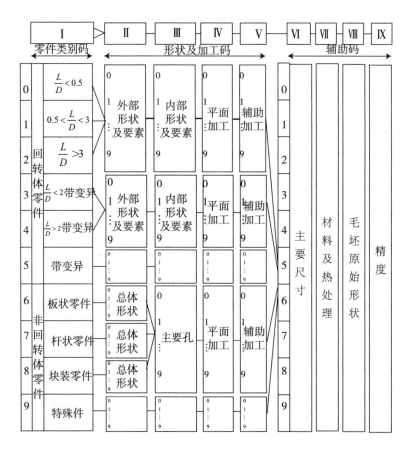

图 7-9　奥匹兹零件分类编码系统的结构形式

　　JLBM-1 是由我国机械工业部组织制定并批准实施的分类编码系统，它是我国机械工厂实施成组技术的一项指导性技术文件。它由 15 个码位组成，其结构形式如图 7-10 所示。该系统 I 、II 码位表示零件名称类别，它以零件的功能和名称为标志，以矩阵表的形式表示出来，不但容量大，而且便于设计部门检索。但由于零件的名称不规范，可能会造成混乱，因此在分类前必须先对企业的所有零件名称进行统一并使其标准化。III ～ IX 码位是形状及加工码，分别表示回转体零件和非回转体零件的外部形状、内部形状、平面、孔及其加工的种类。X ～ XV 码位是辅助码，分别表示零件的材料、毛坯原始形状、热处理、主要尺寸和精度的特征。尺寸码规定了大型、中型和小型 3 个尺寸组，分别供仪表机械、一般通用机械和重型机械 3 种类型的企业参照使用。精度码规定了低精度、中等精度、高精度和超高精度 2 个等级。在中等精度和高精度两个等级中，再按有精度要求的不同加工表面细分为几个类型，以不同的特征码来表示。

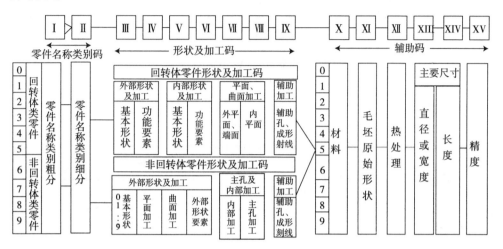

图 7-10 JLBM-1 结构构成

（三）零件分类成组的方法

实行成组技术时，必须先按零件的相似特征将零件分类成组，然后才能以成组的方式进行工艺设计和组织生产。目前，零件分类成组常用的方法有视检法、生产流程分析法和编码分类法。编码分类法是一种比较科学有效的分类成组方法。其具体做法是先根据具体情况选用合适的编码系统，然后对零件进行编码，根据零件的代码按照一定的准则将零件分类归并成组，常用的编码分类法有以下几种。

1. 特征码位法

从零件代码中选择反映零件工艺特性的部分代码，并将其作为分组依据，就可以得到一系列具有相似工艺特性的零件族，这几个码位称为特征码位。特征码位法分组，规定 1、2、6、7 这 4 个码位相同的零件为一组（见表 7-1）。可以看出这组零件的特征为轴类零件且 L/D>3，它具有双向阶梯的外圆柱面，直径 D=20 ～ 50 mm，材料为优质钢。所以这组零件可以在相同的机床上用相同的装夹方法进行加工。虽然零件 4 第 II 位代码是 6，但是它与上面 3 个零件相比仅仅多了 1 个功能槽，故也可归并在这类。

表 7-1 特征码位法分组

件号	简图	奥匹兹代码									特征码位的含义
		Ⅰ	Ⅱ	Ⅲ	Ⅳ	Ⅴ	Ⅵ	Ⅶ	Ⅷ	Ⅸ	
1		2	4	0	2	3	1	3	7	1	
2		2	4	0	3	0	1	3	7	1	码位 / 主码 / 辅码 / 代码 2 4 1 3 / 优质钢 / 直径D=20~50 mm / 双向阶梯 / 轴类且 L/D>3
3		2	4	0	3	3	1	3	7	1	
4		2	6	0	0	0	1	3	0	1	

2.码域法

码域法是指适当放宽每一码位相似特征方面的范围，凡编码后的各位代码在这些数字范围内的零件就可以组成一个零件族。在表 7-2 中的零件族特征矩阵表上，横向数字表示码位，纵向数字表示各个码位上的代码，表中"×"表示的范围称为码域。凡各码位上的编码落在该码域内的零件，都划分为同一组，如表 7-2 中 3 个零件即为一组，或称为一个零件族。

表 7-2　码域法分组

零件族特征矩阵	零件	代码
(特征矩阵表)	(螺钉图)	10030401
	(带槽螺钉图)	110301301
	(圆柱销图)	22021200

（四）成组工艺过程设计

成组工艺过程设计是为一组零件设计的，因此该工艺过程就具有高质量和高覆盖性。目前常用的成组工艺过程设计方法有以下两种。

1.复合零件法

该方法为利用一种所谓的复合零件设计成组工艺过程的方法。复合零件既可以是一个零件族中实际存在的某个具体零件，也可以是一个实际上并不存在的假想零件。无论它是实有的代表零件，还是虚拟的假想零件，作为复合零件都必须拥有同组零件的全部待加工表面要素。同一组内其他零件所具有的待加工表面要素都比复合零件的少，所以按复合零件设计的成组工艺过程，能加工零件组内所有的零件。只需要从成组工艺中删除某一零件不需要的工序或工步内容，便形成该零件的加工工艺。复合零件法一般适用于回转体零件，而对非回转体零件来说，因其形状极不规则，复合零件很难产生，常采用复合工艺路线法。图 7-11 是复合零件的产生过程。

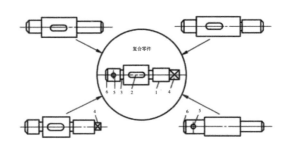

图 7-11　复合零件的产生过程

2.复合工艺路线法

在零件分类成组的基础上，把同组零件的工艺过程卡片收集在一起。然后从中先选出组内最复杂，即最长的工艺路线，将其作为代表，再将此代表路线与组内其他零件的工艺路线相比较，将其他零件有的而此代表路线没有的工序一一添入。这样便可最终得出能满足全组零件要求的工艺路线。图 7-13 是复合工艺路线法示例。

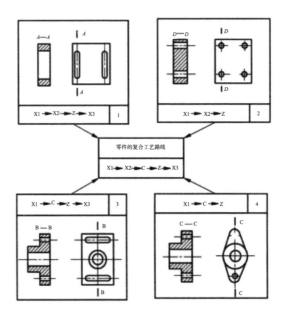

X1—铣一个平面；X2—铣另一平面；　C—车端面、钻孔、镗孔；

Z—钻铣槽用孔或辅助孔；　X3—铣槽。

图 7-12　复合工艺路线法示例

（五）成组生产的组织形式

1. 单机成组生产单元

单机成组生产单元把一些工序相同或相似的零件族集中在一台机床上进行加工，它的特点是从毛坯到成品多数可以在同一类型的设备上完成，也可仅完成其中几道工序。例如，在转塔车床、自动车床上加工中小零件。

2. 多机成组生产单元

多机成组生产单元指一组或几组工艺上相似的零件的工艺过程由相应的一组机床完成。该组织形式与传统机群式排列相比，缩短了工序间的运输距离，从而减少了在制品库存量；缩短了生产周期；提高了设备利用率；加工质量稳定；效率较高。因此，多机成组生产单元被各企业广泛采用。

3. 流水成组生产单元

流水成组生产单元是成组技术的较高级组织形式。它与一般流水线的主要区别在于生产线上流动的不是一种零件，而是多种相似零件。在流水线上各工序的节拍基本一致，因此它的工艺适应性比较强。

二、CAPP

计算机辅助工艺规程设计（CAPP）就是在成组技术的基础上，通过向计算机输入被加工零件的几何信息和加工工艺信息，由计算机自动地输出零件的工艺路线和工序内容等工艺文件的过程。有些比较完善的 CAPP 系统还能进行动态仿真，在加工过程中进行模拟显示，以便检查工艺规程的正确性。

CAPP 可以使工艺人员避免冗长资料查阅、数值计算、表格填写等繁重重复的工作，大幅提高工艺人员的工作效率，提高生产工艺水平和产品质量。它还可以考虑多方面的因素，进而进行设计优化，以高效率、低成本、合格的质量和规定的标准化程度来拟定一个最佳的制造方案，从而把产品的设计信息转为制造信息。它是计算机辅助制造的重要环节，是连接 CAD 和 CAM 的纽带，因此在现代机械制造业中 CAD/CAPP/CAM 相结合构成了计算机集成制造系统的重要组成部分。

CAPP 系统一般由若干程序模块组成，包括输入输出模块、工艺过程设计模块、工序决策模块、工步决策模块、NC 指令生成模块，以及控制模块、动态仿真模块等。它们因系统的规模大小和完善程度不同而存在一定的差异。

根据 CAPP 系统的工作原理，可以将它分成五种类型。

（1）派生型。它是建立在成组技术基础上的 CAPP 系统，即利用成组技术的原理将零件分类成组，设计成组典型工艺，并将其存入计算机数据库中。设计一个新的零件工艺规程时只需要输入零件的有关信息，计算机对零件进行编码（或直接输入零件代码），按此代码检索出相应的零件成组典型工艺，根据零件结构及工艺要求，进行适当的修改编辑，从而派生出所需要的工艺规程。这类系统针对性很强，一般只适用于特定的企业，移植不方便，但系统结构简单，开发周期短，投资少，易于在生产中取得实效。早期开发系统大多属于这一类型。

（2）创成型。这种系统采用决策逻辑的方法开发，在系统中不存储复合工艺或典型工艺，只存储若干逻辑算法程序。创成型系统基本上排除了人的干预，保证了工艺规程的客观性和科学性，从理论上讲是一种比较理想的方法。但是由于生产环境复杂多变，系统十分庞大而复杂，开发工作量大、费用高，目前完全创成型的系统还处于研究阶段，在生产中且使用的尚不多见。派生型和创成型是最基本的 CAPP 类型。

（3）综合型，又称半创成型。它将派生型和创成型系统结合起来使用，如工序设计用派生型，工步设计用创成型，它具有两种类型的优点，部分克服了它们的缺点，效果较好，所以应用十分广泛。我国自行设计开发的 CAPP 系统大多属于这种类型。

（4）检索型。针对标准工艺，将设计好的零件标准工艺进行编码存储在计算机中，制定零件工艺时可根据零件的信息进行搜索，查找合适的标准工艺。

（5）智能型。它是将人工智能技术用在 CAPP 系统中形成的 CAPP 专家系统。它与创成型系统的不同在于，创成型是以逻辑算术进行决策的，而智能型是以推理加知识的专家系统技术来解决工艺设计中经验性强的、模糊和不确定的若干问题。它更加完善和方便，是 CAPP 系统的发展方向，也是当今国内研究的热点之一。

三、基于成组技术的轴类零件加工

（一）轴类零件的分组

工厂生产的轴类零件有阶梯轴、光轴、电机轴等品种，厂里大部分的轴类零件的直径范围为 30～70 mm，长度范围为 270～350 mm，表面粗糙度最大为 6.3 μm，部分轴类零件，如细长轴、光轴等，由于尺寸、形状的差异太大，将不对其进行研究分析。综上所述，要进行分组的轴类零件有阶梯轴类（图7-14）、电机轴类（图 7-14）、键轴类（图 7-15）。

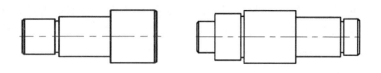

图 7-13　阶梯轴类

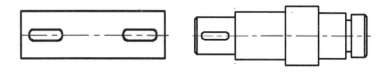

图 7-14　电机轴类

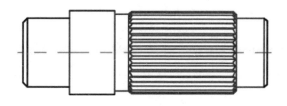

图 7-15　键轴类

（二）成组工艺的制定

1.成组工艺规程设计

零件分类成组后，就可以制定组内零件的成组工艺规程了。复合零件法和复合工艺路线法是编制成组工艺的两种方法。该方法前文已有分析，在此不再赘述。

2.零件族中主样件的构造

以零件的分类为依据，对小组的所有零件从工艺上进行分析，再把零件族中的每一个零件的工艺特征都假想到一个虚拟出来的零件上面，最终得出这个零件族的主样件。这个主样件的工艺文件就是这个零件族的成组工艺。

（三）主样件的加工工艺规程

1.轴类零件的材料、毛坯和热处理

棒料和锻件是轴类零件经常使用的毛坯。光轴、直径差距小的非重要阶梯轴应选择棒料，若对轴有较高的要求，一般将锻件作为毛坯，这样既可节约材

171

料，又可减少机械加工的工作量。对于结构复杂、尺寸大的轴将铸件作为毛坯。轴类零件的材料应根据零件的工作环境和使用情况来具体选择，并且还要经过相应的热处理，使其获得一定的抗疲劳强度、韧性和耐磨性。轴类零件的材料及热处理如表 7-3 所示。

表 7-3　轴类零件的材料及热处理

轴的类型	材料	热处理方式	备注
非重要的轴	45 钢	调质或正火	有良好的切削性能并提高材料的抗疲劳强度、柔韧性，淬火后表面硬度有较大的提高
一般精度	合金钢	调质和淬火	具有较好的综合力学性能
高精度	轴承钢和弹簧钢	调质和表面高频淬火	表面硬度高，具有好的抗疲劳强度和高的柔性
重载荷	渗碳钢	调质和表面渗氮处理	不但能获得很高的表面硬度和耐磨性及抗疲劳强度，而且渗氮处理要比渗碳和各种淬火处理变形要小，不易产生裂纹

2.加工工艺过程分析

（1）校直。在生产、输送和保存毛坯的过程中，由于其自身重力、颠簸等因素的影响，常常会出现一定的变形问题，为保证零件的加工精度及使用的要求，工厂都会在毛坯切断之前，在冷态环境下完成对毛坯的校直，将变形消除。

（2）切断。用型材（圆棒料）作为毛坯时，要按所需长度切断。切断可在锯床上进行。

（3）车端面和钻中心孔。毛坯切断之后就要对两端面进行光整，以提高加工精度。中心孔是加工零件主要表面时经常使用的定位基准，为了确保中心孔在零件的中心位置，一般在光整完的端面上钻中心孔，而且在加工过程中，中心孔应始终保持干净。

（4）车削、磨削和光整。轴类零件的表面大多是圆柱表面，因此车削、磨削和光整是加工外圆表面常采用的加工方法。根据公差等级及表面粗糙度确定各表面加工方法和加工方案。

（5）零件的装夹和定位基准。

①以工件的两中心孔定位。在轴类零件的加工过程中，轴的主要位置精度有两个：轴的各外圆表面相互之间的同轴度要求和各个端面与零件中心线的垂直度要求。通常，轴的中心线是这些重要表面首要选择的设计基准，并且将轴

外端的两中心孔作为定位基准，符合机械加工中的基准重合原则。另外，中心孔作为零件加工，如车削、磨削时的定位基准，以及其他表面加工工序的准则和标准，也符合机械加工中的基准统一原则。将外端面的两中心孔作为定位基准，可以在一次定位中尽可能多地将多个外圆表面和端面一次性加工出来，从而节省时间并提高零件的加工效率。因此，对于以锻件或棒料为毛坯的实心轴来说，在粗加工之前，应先加工出顶尖孔，以后的工序都用顶尖孔定位。采用两端面的中心孔定位时，这两中心孔应先加工出来，并在加工一些有精度要求的工序时对这两中心孔进行打磨，使零件的加工达到规定的要求。比如，零件经过热处理后，会有一定的变形以及表层会带有氧化层，通过对中心孔的研磨可以去除孔的变形和氧化层，通过修磨中心孔可以提高磨削时的精度并降低加工的粗糙度。

②用一夹一顶的方式定位。对于一些长度较长、质量大的零件来说，中心孔的定位方式存在一些不足，如承载性能差、加工过程不稳定以及选用的切削用量小等，必须将夹住轴的一端同时顶住轴的另一端的中心孔作为定位基准来加工。

（6）划分加工阶段。零件的加工顺序与零件的精度有关，当加工的轴类零件对精度有较高的要求时，零件的加工就必须严格地按先进行粗加工再进行精加工的顺序进行，确保成品能够满足设计的要求。通常，轴类零件的加工有以下几个主要阶段。首先，对零件进行粗加工，这一阶段包括粗车外圆、粗车端面和钻中心孔等。其次，在粗加工的基础上进行半精加工，如完成各外圆台阶面和其他表面的半精加工，对中心孔进行修正等；完成零件的精加工；编辑轴的工艺文件时，应考虑主要表面和次要表面，同时，次要表面可以在半精加工阶段开始时穿插到主要表面的加工中；键槽的加工有严格的同轴度和对称度要求，所以键槽的加工应有精确的定位基准，它的加工不宜放在主要表面的磨削之后进行，以免划伤已加工好的主要表面。最后，其他加工，主要工作包括完成对零件的检查，使其不要有破裂和划痕；对零件进行清洗，使零件保持干净、整洁；将零件包装入库。

（7）热处理。对于同一材料来说，如果使用的条件不同，那么安排的热处理也不一样。热处理可以提高零件的力学性能，使零件的切削加工性能得到改善。一般情况下，轴类零件的调质处理安排在粗加工之后和半精车之前，以消除粗加工产生的应力，获得较好的金相组织。

（四）拟定工艺过程

通过对上面的轴类零件的加工工艺分析，可以制定出花键轴组主样件的加工工艺规程。

（1）毛坯的选择，因其直径相差不大，故用校直的圆棒料在锯床上下料。

（2）划分加工阶段，由于零件对表面加工和表面质量有较高要求，仅仅通过一道工序就能满足要求是不可能的，而且也不应采用一道工序来完成，应分阶段逐渐达到应有的加工精度。此外，通过划分加工阶段，毛坯的不合格处就可以被操作人员在粗加工阶段及时发现，这时就可以按照具体情况舍弃毛坯，或者通过一些措施进行弥补来达到重新加工的要求，这样就避免了有缺陷的工件在后期检查的时候被筛选出来，避免了时间、成本和材料的浪费。

（3）工序顺序安排，工序顺序的安排应遵循以下基本原则：先加工作为零件定位基准的面，通常，车端面、钻中心孔是加工轴类零件的首要工序；先粗后精、先主后次，主要表面是具有位置精度和尺寸精度的各外圆表面，次要表面是指齿、键槽等；先加工平面后加工孔。

（4）最后对零件进行检验、清洗并包装入库。

根据以上分析，花键轴组主样件的工艺路线已生成，如表 7-4 所示。

表 7-4　工艺路线表

序号	工序名称	工序内容	设备	装备	定位
1	下料	下料	锯床	带锯条	外圆表面
2	粗车一端外圆	粗车一端外圆、倒角	简易数控车床	90°偏刀	另一端外圆
3	粗车两级外圆	粗车一端外圆、倒角	简易数控车床	90°偏刀	另一端外圆
4	调质	热处理调质	—	—	—
5	平两端面，钻中心孔	定总长、平端面、钻中心孔	端面双头铣床	端铣刀、中心钻	外圆
6	车外圆	粗车一端外圆、倒角、精车	数控车床	刀片	两端面

续表

序号	工序名称	工序内容	设备	装备	定位
7	车成型	粗车另一端各外圆、精车切槽	数控车床	刀片	外圆
8	粗推齿	齿端外圆涂润滑油，然后粗推齿，去毛刺	油压机	粗推刀、什锦挫	顶尖孔
9	精推齿	齿端外圆涂润滑油，然后精推齿，去毛刺	油压机	粗推刀、什锦挫	顶尖孔
10	钻各螺纹底孔	划窝，钻螺纹底孔，孔端倒角	立钻	钻头	小端外圆
11	攻丝	攻丝，去毛刺，清理	攻丝机	丝锥、什锦挫	小端外圆
12	装丝套	装丝套，清除尾端	—	专用扳手	—
13	磨外圆	去毛刺，磨外圆	外圆磨床	什锦挫、砂轮	顶尖孔
14	清洗检验	清洗工件、检验	—	气枪	—

第三节　超高速加工技术及应用

超高速加工技术是指采用超硬材料刀具和磨具，利用能可靠地实现高速运动的高精度、高自动化和高柔性的制造设备，以提高切削速度来达到提高材料去除率、加工精度和加工质量的先进加工技术。[①] 它主要包括超高速切削加工

---

① 崔彤，薛彦华.超高速与超精密加工技术 [J].林业机械与木工设备，2003，31（16）：4-3.

技术和超高速磨削加工技术。

一、超高速切削

（一）超高速切削的概念

超高速切削的概念起源于德国切削物理学家Carl. J. Salomon博士。1929年，他进行了超高速切削模拟试验，并于1931年4月发表了著名的超高速切削理论，提出了超高速切削的设想。Salomon 指出，在常规的切削范围内，切削温度随着切削速度的增大而提高，如图7-16所示的区域A。但是，当切削速度增大到某一数值v_{cr}后，切削速度再增大，切削温度反而下降，并指出v_{cr}与工件材料的种类有关，对于每一种工件材料，都存在一个速度范围，如图7-16所示的区域B。由于切削温度太高，高于刀具材料所允许的最高温度，任何刀具都无法承受，切削加工不可能进行，这个范围被称为"死谷"。当切削速度进一步提高，超过这个速度范围后，切削温度反而降低，同时切削力也会大幅度降低。他认为对于一些工件材料应该有一个临界的切削速度，在该切削速度下，切削温度最高。在高速切削区域进行切削，有可能用现有的刀具，从而大大缩短了切削工时，成倍提高了机床的生产率。几乎每一种金属材料都有临界切削速度，只是不同材料的临界值不同而已。

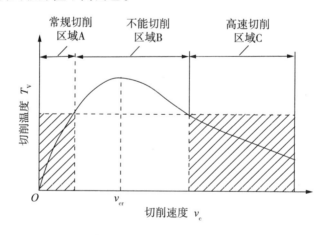

图7-16　切削速度变化与切削温度之间的关系

与传统的切削加工方法相比，超高速切削具有无可比拟的优越性，主要表现在以下几方面。

（1）切削力低。由于切削速度快，剪切变形区狭窄，剪切角增大，变形系数减小，切屑流出速度快，从而使切削变形减小、切削力降低。

（2）热变形小。在高速切削时，90%～95%以上的切削热来不及传给工件就被高速流出的切屑带走，工件累积热量极少，工件基本上保持冷态，因而不会由于温升产生热变形，特别适合加工易热变形的零件。

（3）材料去除率高。超高速切削加工比常规切削加工的切削速度快5～10倍，进给速度随切削速度的提高也可相应提高5～10倍，这样，单位时间材料去除率可提高3～6倍，因而零件加工时间通常可缩减到原来的1/3，从而提高了加工效率和设备利用率，缩短了生产周期。

（4）加工精度高。高切削速度和高进给率使机床的激振频率远高于"机床－工件－刀具"系统的固有频率，工件处于平稳振动切削状态，这就使零件加工能够获得较高的表面加工质量。

（5）降低加工成本。许多零件在常规加工时，需要粗、半精、精加工工序，有时加工后还须进行手工研磨，而使用高速切削可使工件加工在一道工序中完成。这样可以使加工成本大大降低，加工周期大大缩短。

（6）超高速切削可以加工难加工的材料。高速切削可实现陶瓷、半导体硅等硬脆材料的塑性去除加工，以及镍基合金、钛合金、高温合金等韧性材料的高表面完整性加工，它不但可以大幅度提高生产率，而且可以有效地减少刀具磨损，提高零件加工的表面质量。

（二）超高速切削的关键技术

1.超高速主轴单元

超高速加工机床主轴系统在结构上几乎都采用交流变频调速电动机直接驱动的集成结构形式。集成化主轴有两种形式：一种是通过联轴器把电动机与主轴直接连接，另一种是把电动机转子和主轴做成一体的。

目前，多数超高速机床主轴采用内装式电动机主轴，简称"电主轴"。电主轴采用无外壳电动机，将带有冷却套的电动机定子装配在主轴单元的壳体内，转子和机床主轴的旋转部件做成一体的，主轴的变速完全通过交流变频控制实现，将变频电动机和机床主轴合二为一。它取消了从主电动机到机床主轴之间的一切传动环节，把主传动链的长度缩短为零，因此我们称这种新型的驱动与传动方式为"零传动"。电主轴系统主要包括高速主轴轴承、无外壳主轴电动机及其控制模块、润滑冷却系统、主轴刀柄接口等。

电主轴主要特点如下。

（1）电主轴系统取消了高精密齿轮等传动件，消除了传动误差。

（2）减小了主轴的振动和噪声，提高了主轴的回转精度。电动机内置于主轴两支承之间，可以提高主轴系统的刚度，也就提高了系统的固有频率，从而提高了其临界转速。电主轴可以确保正常运行转速低于临界转速，保证高速回转时的安全。

（3）电主轴采用交流变频调速和矢量控制，具有输出功率大、调速范围广和功率－转矩特性好的特点。

（4）电主轴机械结构简单，转动惯量小，快速响应性好，能实现很高的速度和加速度以及定角度的快速准停。超高速加工的最终目的是提高生产率，因此要求主轴在最短的时间内实现高转速的速度变化，也就是要求主轴回转时具有极大的角加速度，达到这个要求最经济的方法就是采用电主轴。

电主轴的主要参数包括主轴最高转速和恒功率范围、主轴的额定功率和最大转矩、主轴轴承直径和前后轴承跨距。

机床的粗加工和精加工都要完成，所以对于主轴的工作精度及静刚度的要求都是比较高的。超高速机床主轴单元的动态性能在很大程度上决定了机床的加工质量和切削能力。

2.高速进给系统

超高速切削不仅要提高主轴的速度，还要提高进给速度，同时进给运动还要实现瞬时高速、瞬时准停等，否则不仅不能将超高速切削的长处发挥出来，刀具还会处于恶劣的条件下，加工精度会受到进给系统跟踪误差的影响。进给系统不仅要在速度上满足一定的要求，还要具备很快的加速度，同时定位精度也要很高。

为了实现高速进给，除了可以继续采用经过改进的滚珠丝杠副，最近几年又出现了采用直线电动机驱动和基于并联机构的新型高速进给方式，从结构、性能到总体布局来看，三种方式有很大的差别，它们形成了三种截然不同的高速进给系统。

（1）滚珠丝杠副进给系统。从1958年美国K&T公司生产出世界上第一台加工中心以来，"旋转电动机＋滚珠丝杠"至今仍然是加工中心和其他数控机床进给系统采用的主要形式。滚珠丝杠副传动系统采用交流伺服电动机驱动，进给速度可以达到40～60 m/min，定位精度可以达到20～25 μm。相对于采用直线电动机驱动的进给系统，采用旋转电动机带动滚珠丝杠的进给方案，因为受工作台的惯性及滚珠丝杠副结构的限制，能够达到的进给速度和加速度比较小。

（2）直线电动机进给驱动系统。直线电动机驱动实现了无接触直接驱动，很好地杜绝了齿轮和齿条传动及滚珠丝杠中摩擦力、惯性和刚度等不足情况的发生，可实现高精度的高速移动，并具有极好的稳定性。

直线电动机的实质是把旋转电动机径向剖切开，然后拉直。直线电动机的转子和工作台固连，定子则安装在机床床身上，由此实现直接驱动。

（3）基于并联机构的高速进给系统。传统的机床通常都是由一些部件串联起来的，如床身、立柱、主轴箱、导轨等等，形成非对称的一种布局。因此，机床结构不仅要承受住拉压载荷，还要承受住弯扭载荷。要想确保机床的刚度，就不得不使用结构笨重的运动部件及支承部件，这些部件消耗的材料、能源都是非常多的，同时对机床进给速度、加速度的提高还起到了一定的约束作用。刀具和工件之间的相对运动误差是由各坐标轴运动误差线性叠加而成的，机床结构的非对称性还导致受力和受热不均匀，这些都影响机床的加工精度。

为了弥补传统机床布局上的不足，从而满足高速加工的一些要求，一种新的机床进给机构产生了，那就是并联虚拟轴结构。带有这种机构的机床就叫作并联机床。1994 年在芝加哥举办了一场国际性的机床博览会，通过这种机构完成的数控机床及实现的加工中心就是在这次博览会上首次被展出的，其引起了当时机床界的高度重视，可以说是机床界的一次划时代的革命。并联机床是一种新的运动机构，它能够实现高速进给，应用前景广阔。然而，并联机床在结构上具有一定的局限性，在应用过程中也暴露了一些问题。例如，实际的工作空间有限，如果是六轴并联的机床，其在运动范围上存在局限性，所以要想同时进行立卧加工是有很大难度的。并联机床还存在一个比较严重的问题，那就是加工的精度较低，这是由杆件热变形引起的，同时要想提高铰关节的制造精度是非常难的。目前，对于并联机床来说，基础且关键的问题就是研究出新的复合滚动关节部件，该部件要满足结构尺寸小、精度高、承载能力强的要求。

3. 超高速切削刀具材料和刀具系统

超高速切削要求刀具材料与被加工材料的化学亲合力要小，并且具有优异的力学性能、热稳定性、抗冲击性和耐磨性。目前，适用于超高速切削的刀具材料主要有涂层刀具、金属陶瓷刀具、陶瓷刀具、聚晶立方氮化硼刀具、聚晶金刚石刀具等。特别是聚晶金刚石刀具和聚晶立方氮化硼刀具的发展推动超高速切削走向更广泛的应用领域。

二、超高速磨削

（一）超高速磨削的概念及特点

砂轮圆周速度超过 45 m/s 为高速磨削，砂轮圆周速度超过 150 m/s 称为超高速磨削。超高速磨削具有如下突出的特点和优越性：①由于磨削速度高，单位时间作用磨粒数多，特别是采用大进给量和大背吃刀量时，其材料磨除率非常高；②单位磨除断面积的磨削力和比磨削能小，工件受力变形和机床磨削功率消耗小；③单颗磨粒受力小，磨损少，使砂轮磨损很小，大幅度延长了砂轮的使用寿命；④磨削表面粗糙度会随砂轮速度的提高而降低，加之工件表面温度低，受力受热变质层很薄，所以其表面加工质量有很大提高；⑤可以高效率地对硬脆材料实现延性域磨削，对高塑性和难磨材料也有良好的磨削表现。上述这些突出的特点使超高速磨削既可获得高效率加工，又能达到高精度要求，并能对各种材料和形状的零件进行加工。因此，使用超硬磨料磨具的超高速磨削加工是磨削加工的发展方向。

（二）超高速磨削的关键技术

1.超高速磨削砂轮技术

超高速磨削砂轮不仅要耐磨，动平衡精度和刚度还要高，它要具备良好的抗裂性、导热性及阻尼特性，同时机械的强度还要承受得住切削力。在进行超高速磨削的过程中，由于砂轮主轴的高速回转会形成强大的离心力，普通砂轮会因承受不住这个力量而快速破碎，因此基体的砂轮一定要具备很高的机械强度，同时基体及磨粒间的黏结强度也要非常高。

超高速砂轮中间有一个基体圆盘，这是由高强度材料制作而成的，大多数的超硬磨料砂轮都会将钢或铝作为基体，在基体周围仅仅粘覆一薄层磨料。粘覆磨料使用的黏结剂有树脂、金属和电镀三种，其中单层电镀用得最多。这是因为它的黏结强度高，易于做出复杂的形状，使用中不需修整，而且基体可以重复使用。

2.超高速磨床主轴及其轴承技术

超高速磨床主轴单元的性能在很大程度上决定了超高速磨床所能达到的最高磨削速度，因此为实现超高速磨削，对砂轮驱动和轴承转速往往要求很高。主轴的高速化要求包括刚度足够、回转精度高、热稳定性好、可靠、功耗低、使用寿命长等。要满足这些要求，主轴的制造及动平衡、主轴的支承（轴承）、主轴系统的润滑和冷却、系统的刚度等是很重要的。为减少由于磨削速度的提高而增加的动态力，砂轮主轴及主轴电动机系统运行要极其精确，并且振动要极小。

超高速磨削的砂轮主轴转速一般在 10 000 r/min 以上，所传递的磨削功率通常为几十千瓦，因此要求主轴轴承的转速特征值非常高，还要求它必须具有很高的回转精度和刚度，以保证砂轮圆周上的磨粒能均匀地参加切削，并能抵御超高速回转时质量不平衡造成的振动。

主轴轴承可采用陶瓷滚动轴承、磁浮轴承、空气静压轴承或液体动静压轴承等。陶瓷滚动轴承具有质量小、热胀系数小、硬度高、耐高温、高温时尺寸稳定、耐腐蚀、使用寿命长、弹性模量高等优点，其缺点是制造难度大、成本高、对拉伸应力和缺口应力较敏感。磁浮轴承的最高表面速度可达 200 m/s，可能成为未来超高速主轴轴承的一种选择。目前，磁浮轴承存在的主要问题是刚度与负荷容量低，所用磁铁与回转体的尺寸相比过大，价格昂贵。空气静压轴承具有回转精度高、没有振动、摩擦阻力小、经久耐用、可以高速回转等特点，可用于高速、轻载和超精密的场合。液体动静压轴承无负载时动力损失太大，主要用于低速重载主轴。

3.磨削液及其供给技术

磨削表面质量、工件精度和砂轮的磨损在很大程度上受磨削热的影响。尽管人们开发了液氮冷却、喷气冷却、微量润滑和干切削等，但磨削液仍然是不可能完全被取代的冷却润滑介质。磨削液分为两大类：油基磨削液和水基磨削液（包括乳化液）。油基磨削液润滑性优于水基磨削液，但水基磨削液冷却效果好。

高速磨削时，气流屏障阻碍了磨削液有效地进入磨削区，还可能存在薄膜沸腾的影响。因此，采用恰当的注入方法，增加磨削液进入磨削区的有效部分，增强冷却和润滑效果，对于改善工件质量、减少砂轮磨损极其重要。常用的磨削液注入方法有手工供液法和浇注法、高压喷射法、空气挡板辅助截断气流法、砂轮内冷却法、利用开槽砂轮法等。在超高速条件下，为了实现对磨削区的冷却、冲走切屑，磨削液的喷注必须有足够大的动力，以冲破砂轮周围的高速气流，使磨削液抵达磨削区。故与普通磨削相比，磨削液的流量、压力均成倍增加。此外，为了保证超高速磨削的表面质量，提高磨削液的利用率，减少磨削液中残留杂质对加工质量及机床系统的不良影响，必须采用一套高效、高过滤精度的磨削液过滤系统。从喷嘴喷注在砂轮上的磨削液，会在强大离心力的作用下形成严重的油雾，所以超高速磨床还要把磨削区封闭起来，并要及时抽出油雾，然后利用离心和静电的方法进行油气分离。

具有极高磨削效率的超高速磨床，一分钟会产生几千克的磨屑，能够及时干净地把这些大量的磨屑从磨削液中过滤出来也是一个很重要的问题。目前，多用离心机或硅藻土过滤系统对磨削液进行集中处理。

4.磨削状态监测及数控技术

超高速磨削加工中，砂轮由于超高速引起的破碎现象时常发生，砂轮破碎及磨损状态的监测是关系磨削工作能否顺利进行的重要因素，同时也是保证加工质量和零件表面完整性的关键。在超高速加工中，砂轮与工件的对刀精度及砂轮与修整轮的对刀精度将直接影响工件的尺寸精度和砂轮的修整质量。因此，在超高速磨削加工中，在线智能监测系统是保证磨削加工质量和提高加工生产率的重要因素。此外，工件尺寸精度、形状精度、位置精度和加工表面质量的在线监控技术，高精度、高可靠性、实用性强的测试技术与仪器都是高速、超高速磨削必不可少的关键技术。

目前，声发射技术已成功用于超高速磨削的无损监测，它利用磨削过程中产生的各种声发射源局外发射弹性波，如砂轮与工件弹性接触、砂轮黏结剂破裂、砂轮磨粒与工件摩擦、工件表面裂纹和烧伤、砂轮与修整轮的接触等均可发射弹性波。这些和工件材料、磨削条件、砂轮表面的状态等因素都有着密切的关系。这些因素的改变必然会引起声发射信号的幅值、频谱等发生变化，可以通过监测声发射信号的变化来对磨削状态进行判别。

三、超高速加工技术的应用

（一）在航空航天领域的应用

减轻质量对于航空航天器有着极其重要的意义，其主要采取两个措施：①零部件尽可能采用铝合金、铝钛合金或纤维增强塑料等轻质材料；②把过去由几十个甚至几百个零件通过铆接或焊接连接起来的组合构件，用“整体制造法”合并成一个带有大量薄壁和细筋的复杂零件，即从一块实心的整体毛坯中切除和掏空 85% 以上的多余材料加工而成。用超高速加工来制造这类带有大量薄壁、细筋的复杂零件，材料切除速度高达 100 ～ 180 cm^3/min，速度为常规加工速度的 3 倍以上，可大大压缩切削工时。例如，某战斗机的一个大型薄壁构件，全长 3.35 m，有的地方壁厚不到 1 mm，这个构件原来由 500 多个零件组装而成，以前制造这个组合构件的生产周期是 3 个月，现在用一块整体毛坯，通过超高速加工来制造这个零件，生产周期不到 2 个星期。

航空和动力部门大量采用镍基合金（如 Inconel718）和钛合金（如 TiA16V4）来制造飞机和发动机零件，这些材料强度大、硬度高、耐冲击、加工中容易硬化、切削温度高、刀具磨损严重，是一类难加工材料，过去一般采用很低的切削用量，若采用超高速加工，切速可提高到 10 ～ 100 m/min，为常规切速的 10 倍左右，不但可以大幅度提高生产效率，而且可以有效减少刀具磨损，提高工件的表面质量。

（二）在汽车领域的应用

近年来，新建的汽车生产线多半采用由多台加工中心和数控机床组成的柔性生产线，它能适应产品不断更新的要求，但由于是单轴顺序加工，生产效率没有原来的多轴、多面、并行加工的组合机床自动线高，这又产生了"高柔性"和"高效率"之间的矛盾。超高速加工为这个矛盾的解决指出了一条根本的出路，即采用高速加工中心和其他高速数控机床组成高速柔性生产线。这种生产线集"高柔性"与"高效率"于一身，既能满足产品不断更新换代的要求，又有接近组合机床自动线的生产效率。这就打破了汽车生产中有关"经济规模"的传统观念，实现了多品种、中小批量的高效生产。

例如，Ford 汽车公司和 Ingersoll 机床公司合作，寻求能兼顾柔性和效率的汽车生产线方案。经过分析提出，若能采用超高速加工，将单轴加工中心的生产率提高 5 倍，则虽然是顺序加工，生产率仍可以达到 5 根主轴同时加工组合机床的生产率。经过多年努力，两公司研制的 HVM800 卧式加工中心，同时采用高速电主轴和直线电机，主轴最高转速为 20 000 r/min，工作台最大进给可达 76.2 m/min。用这种高速加工中心组成的柔性生产线加工汽车发动机零件，其生产率与组合机床自动线相当，但建线投入要少 40%。换产的准备时间也少得多，其主要工作是编制软件，而不是大量制造夹具，现已成为一条名副其实的敏捷制造生产线。我国汽车工业近年来也开始用高速加工中心组成的柔性生产线取代组合机床自动线。

（三）在模具工业中的应用

目前，工业产品零件粗加工的 70%、精加工的 50% 及塑料零件的 90% 都是用模具来完成的，没有高质量的模具就没有高质量的产品，模具工业是衡量一个国家科技水平的重要指标之一。

由于模具大多由高硬度、耐磨损的合金材料经过热处理来制造，加工难度大。以往广泛采用电火花加工成形，而电火花是一种靠放电烧蚀的微切削加工方式，生产效率极低。用高速铣削代替电加工是加快模具开发速度并提高模具制造质量的一条崭新的途径。用高速铣削加工模具，不但可实现高转速、大进给，而且粗、精加工一次完成，极大地提高了模具的生产效率。采用高速切削加工淬硬钢模具，模具硬度可达 HRC60 以上，表面粗糙度 Ra 为 0.64 μm，其达到了磨削的水平，效率比电加工高出好几倍，不仅节省了大量的修光时间，还可代替绝大部分电加工工序。模具型腔一般采用小直径球头铣刀进行高速硬铣削，要求机床的最高主轴转速高达 2 000 ～ 40 000 r/min，但进给速度要求不是特别高，一般 v_{max}=30 m/min 即可，机床必须有足够刚度，防止加工时发生颤振。

此外，超高速加工还可用于快速原型、光学精密零件和仪器仪表的加工等。

参考文献

[1] 冯显英 . 机械制造 [M]. 济南：山东科学技术出版社， 2013.

[2] 葛汉林 . 机械制造 [M]. 北京：中国轻工业出版社， 2012.

[3] 张兆隆 . 机械制造技术 [M]. 2 版 . 北京：北京理工大学出版社，2019.

[4] 刘军军，徐朝钢，蒋菲 . 机械制造工艺 [M]. 成都：电子科技大学出版社，2019.

[5] 陈爱荣，韩祥凤，李新德 . 机械制造技术 [M].2 版 . 北京：北京理工大学出版社，
2019.

[6] 朱仁盛，董宏伟 . 机械制造技术基础 [M]. 北京：北京理工大学出版社，2019.

[7] 杜运普，黄志东 . 机械制造技术基础 [M]. 北京：北京理工大学出版社，2018.

[8] 卞洪元 . 机械制造工艺与夹具 [M]. 北京：北京理工大学出版社， 2017.

[9] 王庆明 . 机械制造工艺学 [M]. 上海：华东理工大学出版社， 2017.

[10] 陈爱荣，韩祥凤， 李新德 . 机械制造技术 [M]. 北京：北京理工大学出版社，
2019.

[11] 莫持标，张旭宁 . 机械制造技术 [M]. 2 版 . 武汉：华中科技大学出版社， 2021.

[12] 杨化书，秦园园 . 机械制造技术 [M]. 北京：北京理工大学出版社，2016.

[13] 彭丽英，周俊华 . 机械制造技术 [M]. 北京：中国轻工业出版社，2016.

[14] 沈向东 . 机械制造技术 [M]. 北京：机械工业出版社，2013.

[15] 姚智慧，张广玉，侯珍秀， 等 . 现代机械制造技术 [M]. 哈尔滨：哈尔滨工业大学出版社， 2000.

[16] 李更新 . 现代机械制造技术 [M]. 天津：天津大学出版社，2009.

[17] 黄宗南 . 现代机械制造技术基础 [M]. 上海：上海交通大学出版社，2014.

[18] 刘任需 . 现代机械制造工艺技术 [M]. 北京：科学普及出版社，1958.

[19] 徐耀信，冯鉴 . 机械加工工艺及现代制造技术 [M]. 成都：西南交通大学出版社，
2005.

[20] 石文天，刘玉德 . 先进制造技术 [M]. 北京：机械工业出版社，2018.

[21] 徐翔民，赵砚，余斌，等．先进制造技术 [M]. 成都：电子科技大学出版社，2014.

[22] 张军翠，张晓娜．先进制造技术 [M]. 北京：北京理工大学出版社，2013.

[23] 黎震，朱江峰．先进制造技术 [M].3 版．北京：北京理工大学出版社，2012.

[24] 武良臣，李勇，郑友益，等．先进制造技术 [M]. 徐州：中国矿业大学出版社，2001.

[25] 焦振学．先进制造技术 [M]. 北京：北京理工大学出版社，1997.

[26] 郭琼．先进制造技术 [M]. 北京：机械工业出版社，2017.

[27] 丁怀清，王鑫．先进制造技术 [M]. 北京：中央广播电视大学出版社，2011.

[28] 全燕鸣．机械制造自动化 [M]. 广州：华南理工大学出版社，2008.

[29] 周骥平，林岗．机械制造自动化技术 [M].3 版．北京：机械工业出版社，2014.

[30] 洪露，郭伟，王美刚．机械制造与自动化应用研究 [M]. 3 版．北京：航空工业出版社，2019.

[31] 雷子山，曹伟，刘晓超．机械制造与自动化应用研究 [M]. 北京：九州出版社，2018.

[32] 王义斌．机械制造自动化及智能制造技术研究 [M]. 北京：中国原子能出版社，2018.

[33] 徐兵．机械装配技术 [M]. 2 版．北京：中国轻工业出版社，2014.

[34] 吴世友．机械设备维修与装配技术 [M]. 南昌：江西高校出版社，2014.

[35] 李淑芳．机械装配与维修技术 [M]. 西安：西安电子科技大学出版社，2017.

[36] 商向东．柔性制造系统 [M]. 沈阳：沈阳出版社，1996.

[37] 李杨，王洪荣，邹军．基于数字孪生技术的柔性制造系统 [M]. 上海：上海科学技术出版社，2020.

[38] 张培忠．柔性制造系统 [M]. 北京：机械工业出版社，1998.

[39] 曹根基，周保牛，周岳．数控加工 [M]. 长沙：湖南科学技术出版社，2013.

[40] 范鹤，曲树德．模具数控加工技术 [M]. 北京：北京理工大学出版社，2019.

[41] 卢万强，苟建峰．数控加工技术 [M]. 北京：北京理工大学出版社，2019.

[42] 李莉芳．数控加工工艺与编程 [M]. 北京：4 版．北京理工大学出版社，2017.

[43] 张小红．先进机械制造技术及特种机械制造加工方法研究 [J]. 造纸装备及材料，2020，49（6）：10–12.

[44] 杨叶．先进机械制造技术的发展现状和发展趋势 [J]. 现代制造技术与装备，2019

（11）：140–141.

[45] 杨鲁芸，赵尊章 . 现代机械制造技术与加工工艺的运用分析 [J]. 内燃机与配件，
2021（19）：167–168.

[46] 易建 . 机械制造技术智能化发展趋势 [J]. 内燃机与配件，2021（3）：162–163.

[47] 杨世芳 . 现代机械制造技术与精密加工技术的应用探究 [J]. 内燃机与配件，2020
（20）：68–69.

[48] 乔蒙 . 先进机械制造技术的发展现状与发展趋势 [J]. 中国设备工程，2020（12）：
188–189.

[49] 宋国强 . 试论我国先进机械制造技术的特点及发展趋势 [J]. 湖北农机化，2018
（4）：53–55.

[50] 张连洪，崔国起，钟宏辉，等 . 基于快速原型制造的快速模具技术 [J]. 机械设计，
1999（9）：36–38.

[51] 于彩云，蔺国民，严黎明 . 快速原型制造技术在汽车领域中的应用 [J]. 科学技术
创新，2021（11）：192–193.

[52] 王戟 . SECS/GEM 在半导体生产计算机集成制造系统中的应用研究 [D]. 杭州：浙
江工业大学，2008.

[53] 曾议 . 计算机集成制造系统中若干重要技术的研究 [D]. 合肥：中国科学技术大学，
2006.

[54] 宋伟 . 基于快速原型制造技术的缺损颅骨修补研究 [D]. 长春：吉林大学，2009.

[55] 韩英 . 假肢接受腔快速原型集成制造系统的研究 [D]. 成都：四川大学，2004.

[56] 王作轩 . 成组技术在机床轴类零件加工中的应用研究 [D]. 昆明：昆明理工大学，
2017.

[57] 刘锟志 . 成组技术在仪表类零件生产中的应用研究 [D]. 北京：北京工业大学，
2016.

[58] 刘冠玉 . 成组技术在回转体零件分组加工中的应用研究 [D]. 昆明：昆明理工大学，
2015.

[59] 师智斌 . 成组技术在飞航产品生产中的应用研究 [D]. 哈尔滨：哈尔滨工程大学，
2012.

[60] 韩晓燕 . 成组技术在轴类零件生产中的应用研究 [D]. 上海：上海交通大学，
2009.